HITE 7.0
培养体系

HITE 7.0全称厚溥信息技术工程师培养体系第7版，是武汉厚溥企业集团推出的“厚溥信息技术工程师培养体系”，其宗旨是培养适合企业需求的IT工程师，该体系被国家工业和信息化部人才交流中心鉴定为国家级计算机人才评定体系，凡通过HITE课程学习成绩合格的学生将获得国家工业和信息化部颁发的“全国计算机专业人才证书”，该体系教材由清华大学出版社全面出版。

HITE 7.0是厚溥最新的职业教育课程体系，该职业体系旨在培养移动互联网开发工程师、智能应用开发工程师、企业信息化应用工程师、网络营销技术工程师等。它的独特之处在于每年都要根据技术的发展进行课程的更新。在确定HITE课程体系之前，厚溥技术中心专业研究员在IT领域和一些非IT公司中进行了广泛的行业调查，以了解他们在目前和将来的工作中会用到的数据库系统、前端开发工具和软件包等应用程序，每个产品系列均以培养符合企业需求的软件工程师为目标而设计。在设计之前，研究员对IT行业的岗位序列做了充分的调研，包括研究从业人员技术方向、项目经验和职业素质等方面的需求，通过对所面向学生的自身特点、行业需求的现状以及项目实施等方面的详细分析，结合厚溥对软件人才培养模式的认知，按照软件专业总体定位要求，进行软件专业产品课程体系设计。该体系集应用软件知识和多领域的实践项目于一体，着重培养学生的熟练度、规范性、集成和项目能力，从而达到预定的培养目标。整个体系基于ECDIO工程教育课程体系开发技术，可以全面提升学生的价值和学习体验。

一、移动互联网开发工程师

在移动终端市场竞争下，为赢得更多用户的青睐，许多移动互联网企业将目光瞄准在应用程序创新上。如何开发出用户喜欢，并能带来巨大利润的应用软件，成为企业思考的问题，然而这一切都需要移动互联网开发工程师来实现。移动互联网开发工程师成为求职市场的宠儿，不仅薪资待遇高，福利好，更有着广阔的发展前景，倍受企业重视。

移动互联网企业对Android和Java开发工程师需求如下：

已选条件：	Java(职位名)	Android(职位名)
共计职位：	共51014条职位	共18469条职位

1. 职业规划发展路线

Android				
★	★★	★★★	★★★★	★★★★★
初级Android开发工程师	Android开发工程师	高级Android开发工程师	Android开发经理	移动开发技术总监
Java				
★	★★	★★★	★★★★	★★★★★
初级Java开发工程师	Java开发工程师	高级Java开发工程师	Java开发经理	技术总监

2. 素质能力提升路径

1 大学生	2 大学生活	3 学习习惯	4 职业目标	5 沟通表达	6 自我管理
12 准职业人	11 职业路线	10 求职技能	9 就业意识	8 融入团队	7 形象礼仪

3. 专业技能提升路径

1 大学生	2 计算机基础	3 编程基础	4 软件工程	5 数据库	6 网站技术
12 准职业人	11 产品规划	10 项目技能	9 高级应用	8 APP开发	7 基础应用

4. 项目介绍

(1) 酒店点餐助手

(2) 音乐播放器

二、智能应用开发工程师

随着物联网技术的高速发展，我们生活的整个社会智能化程度将越来越高。在不久的将来，物联网技术必将引起我国社会信息的重大变革，与社会相关的各类应用将显著提升整个社会的信息化和智能化水平，进一步增强服务社会的能力，从而不断提升我国的综合竞争力。 智能应用开发工程师未来将成为热门岗位。

智能应用企业每天对.NET开发工程师需求约15957个岗位(数据来自51job):

已选条件:	.NET(职位名)
共计职位:	共15957条职位

1. 职业规划发展路线

★	★★	★★★	★★★★	★★★★★
初级.NET 开发工程师	.NET 开发工程师	高级.NET 开发工程师	.NET 开发经理	技术总监
★	★★	★★★	★★★★	★★★★★
初级 开发工程师	智能应用 开发工程师	高级 开发工程师	开发经理	技术总监

2. 素质能力提升路径

1 大学生	2 大学生活	3 学习习惯	4 职业目标	5 沟通表达	6 自我管理
12 准职业人	11 职业路线	10 求职技能	9 就业意识	8 融入团队	7 形象礼仪

3. 专业技能提升路径

1 大学生	2 计算机基础	3 编程基础	4 软件工程	5 数据库	6 网站技术
12 准职业人	11 产品规划	10 项目技能	9 高级应用	8 智能开发	7 基础应用

4. 项目介绍

(1) 酒店管理系统

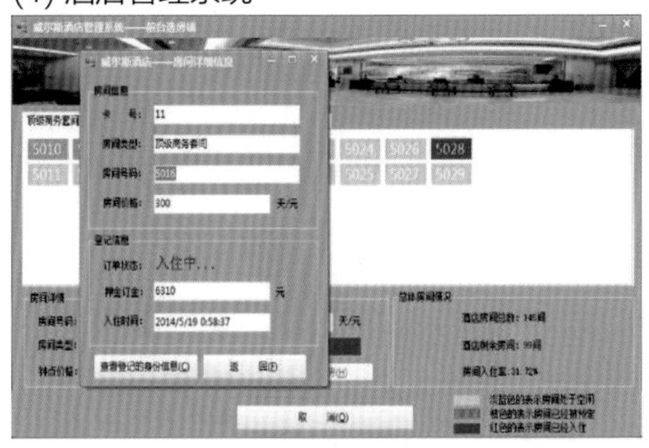

(2) 学生在线学习系统

三、企业信息化应用工程师

当前，世界各国信息化快速发展，信息技术的应用促进了全球资源的优化配置和发展模式创新，互联网对政治、经济、社会和文化的影响更加深刻，围绕信息获取、利用和控制的国际竞争日趋激烈。企业信息化是经济信息化的重要组成部分。

IT企业每天对企业信息化应用工程师需求约11248个岗位（数据来自51job）：

已选条件:	ERP实施(职位名)
共计职位:	共11248条职位

1. 职业规划发展路线

初级实施工程师	实施工程师	高级实施工程师	实施总监
信息化专员	信息化主管	信息化经理	信息化总监

2. 素质能力提升路径

1 大学生	2 大学生活	3 学习习惯	4 职业目标	5 沟通表达	6 自我管理
12 准职业人	11 职业路线	10 求职技能	9 就业意识	8 融入团队	7 形象礼仪

3. 专业技能提升路径

1 大学生	2 计算机基础	3 编程基础	4 软件工程	5 数据库	6 网站技术
12 准职业人	11 产品规划	10 项目技能	9 高级应用	8 实施技能	7 基础应用

4. 项目介绍

(1) 金蝶K3

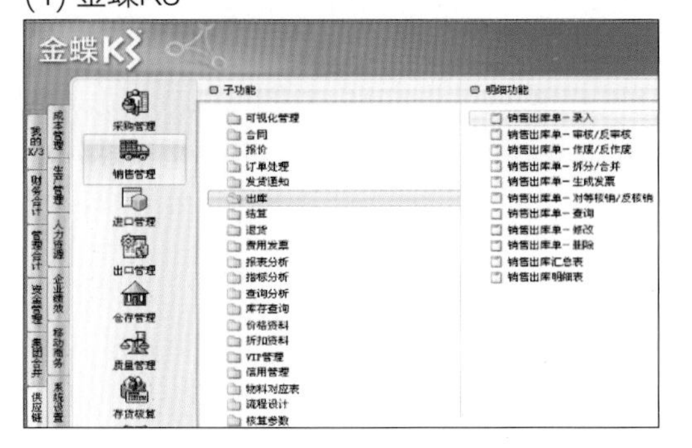

(2) 用友U8

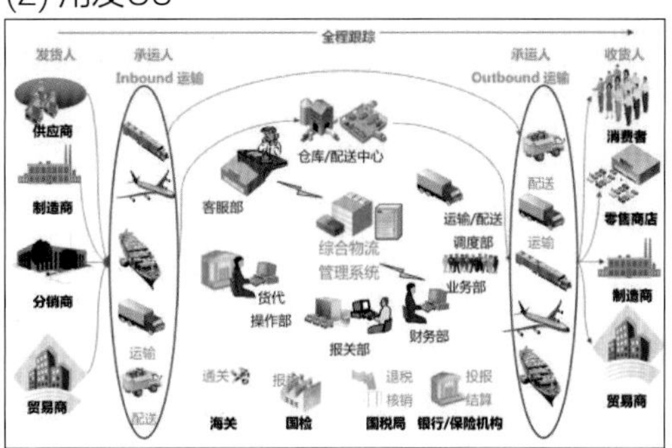

四、网络营销技术工程师

在信息网络时代，网络技术的发展和应用改变了信息的分配和接收方式，改变了人们生活、工作、学习、合作和交流的环境，企业也必须积极利用新技术变革企业经营理念、经营组织、经营方式和经营方法，搭上技术发展的快车，促进企业飞速发展。网络营销是适应网络技术发展与信息网络时代社会变革的新生事物，必将成为跨世纪的营销策略。

互联网企业每天对网络营销工程师需求约47956个岗位(数据来自51job)：

已选条件:	网络推广SEO(职位名)
共计职位:	共47956条职位

1. 职业规划发展路线

网络推广专员	网络推广主管	网络推广经理	网络推广总监
网络运营专员	网络运营主管	网络运营经理	网络运营总监

2. 素质能力提升路径

1 大学生	2 大学生活	3 学习习惯	4 职业目标	5 沟通表达	6 自我管理
12 准职业人	11 职业路线	10 求职技能	9 就业意识	8 融入团队	7 形象礼仪

3. 专业技能提升路径

1 大学生	2 计算机基础	3 编程基础	4 网站建设	5 数据库	6 网站技术
12 准职业人	11 产品规划	10 项目实战	9 电商运营	8 网络推广	7 网站SEO

4. 项目介绍

(1) 品牌手表营销网站

(2) 影院销售网站

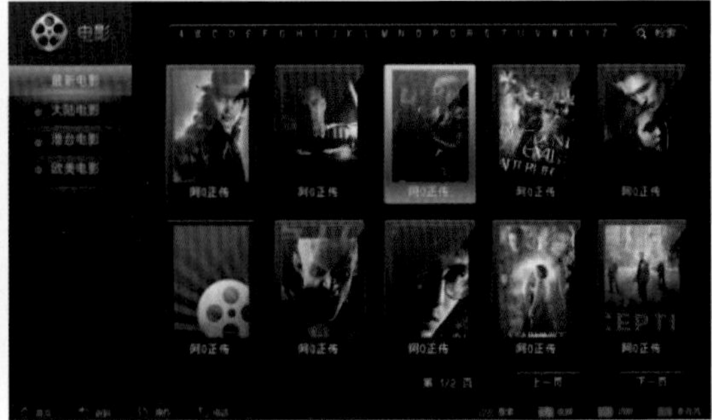

HITE 7.0 软件开发与应用工程师

HDFS+MapReduce 分布式存储与计算实战

武汉厚溥数字科技有限公司　编著

清华大学出版社
北　京

内 容 简 介

本书按照高等院校计算机专业课程基本要求，注重理论和实践相结合，采用先实践再总结的方式，突出计算机课程的实践性特点。本书共包括 9 个单元：大数据概述，大数据必备 Linux 知识，Hadoop 伪分布式安装及其部署，HDFS 原理详解，MapReduce 计算框架详解，搭建 Hadoop 完全分布式环境，资源调度框架(YARN)与运用，Hive 初识，项目实战。

本书内容安排合理，结构清晰，通俗易懂，实例丰富，可作为各类高等院校、培训机构的教材，也可供大数据程序开发人员学习和参考。

图书在版编目(CIP)数据

HDFS+MapReduce 分布式存储与计算实战 / 武汉厚溥数字科技有限公司编著. —北京：清华大学出版社，2023.2

(HITE 7.0 软件开发与应用工程师)

ISBN 978-7-302-62007-5

I. ①H… II. ①武… III. ①存储技术 IV. ①TP333

中国版本图书馆 CIP 数据核字(2022)第 187065 号

责任编辑：刘金喜
封面设计：王　晨
版式设计：孔祥峰
责任校对：成凤进
责任印制：沈　露

出版发行：清华大学出版社
网　　址：http://www.tup.com.cn，http://www.wqbook.com
地　　址：北京清华大学学研大厦 A 座　　**邮　　编：**100084
社 总 机：010-83470000　　**邮　　购：**010-62786544
投稿与读者服务：010-62776969, c-service@tup.tsinghua.edu.cn
质 量 反 馈：010-62772015, zhiliang@tup.tsinghua.edu.cn
印 装 者：三河市龙大印装有限公司
经　　销：全国新华书店
开　　本：185mm×260mm　　**印　　张：**14　　**彩　　插：**2　　**字　　数：**288 千字
版　　次：2023 年 3 月第 1 版　　**印　　次：**2023 年 3 月第 1 次印刷
定　　价：69.00 元

产品编号：099255-01

编 委 会

主　编：

张　兵　　王　伟

副主编：

管胜波　　余　剑　　张　华　　孙　玮　　吴赵盼

编　委：

田　宇　　王　鹏　　胡富文　　田　野　　王智超
陈坤定　　杜同海

主　审：

寇立红　　熊　勇

前 言

Hadoop 是一个由 Apache 基金会开发的分布式系统基础架构。利用 Hadoop，用户可以在不了解分布式底层细节的情况下，开发分布式程序；充分利用集群的威力进行高速运算和存储。Hadoop 实现了分布式文件系统，其中一个组件是 HDFS。HDFS 有高容错性的特点，可部署在低廉的硬件上，提供高吞吐量来访问应用程序的数据，适合用在有着超大数据集的应用程序中。Hadoop 框架最核心的设计就是 HDFS 和 MapReduce，HDFS 为海量的数据提供了存储，而 MapReduce 则为海量的数据提供了计算。

本书是“工信部国家级计算机人才评定体系”中的一本专业教材。“工信部国家级计算机人才评定体系”由武汉厚溥数字科技有限公司开发，是以培养符合企业需求的软件工程师为目标的 IT 职业教育体系。在开发该体系之前，我们对 IT 行业的岗位序列做了充分的调研，包括研究从业人员在技术方向、项目经验和职业素养等方面的需求，通过对所面向学生的特点、行业需求的现状以及项目实施等方面的详细分析，结合我公司对软件人才培养模式的认知，按照软件专业总体定位要求，进行软件专业产品课程体系设计。该体系集应用软件知识和多领域的实践项目于一体，着重培养学生的熟练度、规范性、集成和项目实施能力，从而达到预定的培养目标。

本书共包括 9 个单元：大数据概述，大数据必备 Linux 知识，Hadoop 伪分布式安装及其部署，HDFS 原理详解，MapReduce 计算框架详解，搭建 Hadoop 完全分布式环境，资源调度框架(YARN)与运用，Hive 初识，项目实战。

我们对本书的编写体系做了精心的设计，按照“理论学习—知识总结—上机操作—课后习题”这一思路进行编排。“理论学习”部分描述通过案例要达到的学习目标与涉及的相关知识点，使学习目标更加明确；“知识总结”部分概括案例所涉及的知识点，使知识点得以完整系统地呈现；“上机操作”部分对案例进行了详尽分析，通过完整的步骤帮助读者快速掌握该案例的操作方法；“课后习题”部分帮助读者理解章节的知识点。本书在内容编写方面，力求细致全面；在文字叙述方面，注意言简意赅、重点突出；在案例选取方面，强调案例的针对性和实用性。

本书凝聚了编者多年来的教学经验和成果，可作为各类高等院校、培训机构的教材，也可供广大程序设计人员学习和参考。

本书由武汉厚溥数字科技有限公司编著，由王伟、寇立红、熊勇、余剑、王鹏、胡富文、杜同海等多名企业实战项目经理编写。本书编者长期从事项目开发和教学实施，并且对当前高校的教学情况非常熟悉，在编写过程中充分考虑不同学生的特点和需求，加强了项目实战方面的教学。在本书的编写过程中，得到了武汉厚溥数字科技有限公司各级领导的大力支持，在此对他们表示衷心的感谢。

参与本书编写的人员还有：宣化科技职业学院张兵，湖北国土资源职业学院管胜波，铜川职业技术学院张华、田宇，陕西国际商贸学院孙玮，江西机电职业技术学院吴赵盼，湖北科技职业学院田野、王智超，闽西职业技术学院陈坤定等。

限于编写时间和编者的水平，书中难免存在不足之处，希望广大读者批评指正。

服务邮箱：476371891@qq.com。

编　者

2022 年 11 月

目　录

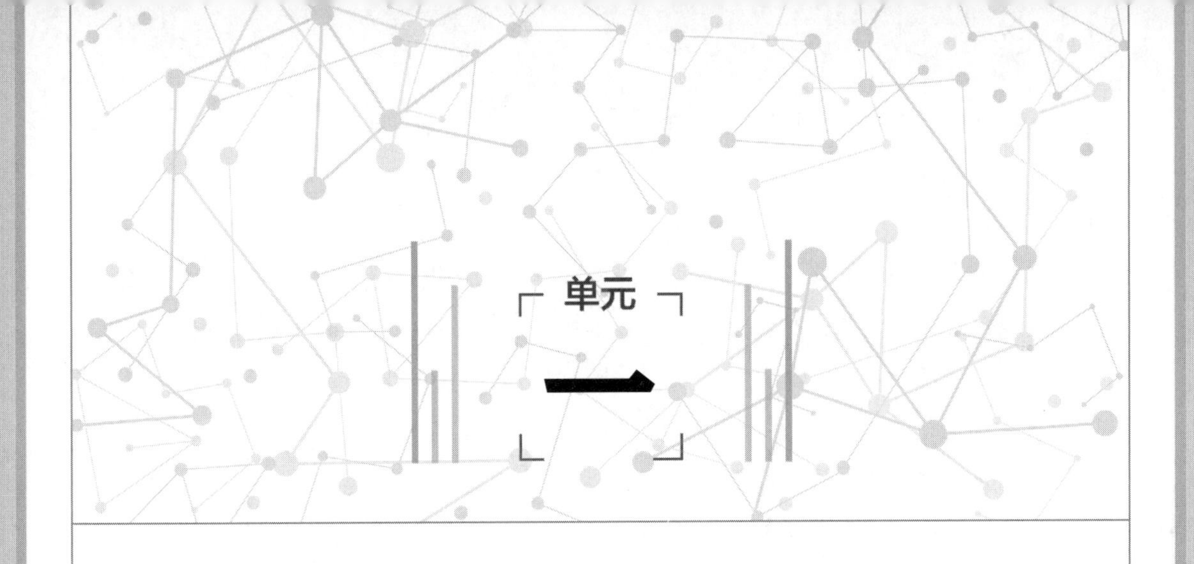

大数据概述

课程目标

❖ 了解大数据的基本概念

❖ 理解 Hadoop 及其体系

❖ 掌握 Hadoop 的环境配置方法

简介

随着科技的进步和社会的发展，尤其是以计算机为代表的信息技术的飞速发展，各种信息呈爆炸式增长，数据渗透到各行各业。很多企业也越来越重视对数据的收集与分析，三大运营商(中国电信、中国移动、中国联通)、阿里云、景安网络等高新技术企业纷纷为客户建立起专业的大数据服务平台，对客户需要的数据进行收集与分析，提供基于大数据的运营指导。

大数据正在成为引领性的先进技术，它是信息技术领域的制高点。未来将会是大数据应用蓬勃发展的时代，海量的数据将会成为企业制定战略决策的重要依据。大数据时代究竟会给企业信息化带来怎样的影响？

1.1 大数据基本概念

未来的时代将不再是IT时代，而是DT时代。这里所说的DT(data technology，数据科技)，是指以服务大众、激发生产力为主的技术。当前，万物互联下的数据流进入了人们的每个生活场景，尤其是当“数据资产是企业核心资产”的概念深入人心之后，企业对于数据管理便有了更清晰的界定，并逐渐将大数据管理作为企业的核心竞争力。

其实，“大数据”概念早在20世纪80年代就已经有人提出，不过彼时“大数据”只是形容数据集很大的一个词。直到计算机硬件升级和“云计算”技术出现之后，“大量数据和应用算法”才逐渐展现出其隐藏的秘密。从本质来说，大数据是指“无处不在的数据”，而随着人们对数据重要性认识的深入，人们对数据的挖掘和开发也在快速地发展。

1.1.1 大数据与生活

案例1：医疗大数据，看病更高效

医疗行业是让大数据分析最先发挥作用的传统行业之一。医疗行业拥有大量的病例、病理报告、治愈方案、药物报告等，如果这些数据可以被整理和应用，将会极大地帮助医生和病人。我们面对的种类众多的病菌、病毒、肿瘤细胞，都处于不断进化的过程中，在发现或诊断疾病时，疾病的确诊和治疗方案的确定是最困难的。

在未来，借助于大数据平台，我们可以收集不同的病例和治疗方案，以及病人的基本特征，建立针对疾病特点的数据库。如果未来基因技术发展成熟，可以根据病人的基因序列特点进行分类，建立医疗行业的病人分类数据库。在医生诊断病人时可以参考病人的疾病特征、化验报告和检测报告，参考疾病数据库，以快速帮助病人确诊，明确定位疾病。在制订治疗方案时，医生可以依据病人的基因特点，调取基因、年龄、人种、身体情况相同的其他病人的有效治疗方案，制订出适合该病人的治疗方案，使更多人及时得到治疗。同时，这些数据也有利于医药行业开发出更加有效的药物和医疗器械。

医疗行业的数据应用一直在进行，但是数据没有被打通，都是孤岛数据，没有办法进行大规模应用。未来需要将这些数据统一收集起来，纳入统一的大数据平台，为人类健康造福。

案例 2：《英雄联盟》，你为什么会越陷越深？

《英雄联盟》是风靡全球的网络游戏，每天夜深，当大多数玩家已经奋战一天，呼呼大睡的时候，数据服务器正紧张地忙碌着。世界各地的运营商会把当日的数据发送到北美的数据中心，随即一个巨大的数据分析引擎开始转动，执行上千个数据分析任务。当日所有的比赛都会被分析，数据分析师若发现某个英雄单位太强或太弱，在接下来的两三周内，会推出新补丁，及时调整所有的平衡性问题，并加入一个新单位。整个游戏被保持在一个快速更新，并且良好平衡的状态。正是靠大数据的魔力，《英雄联盟》才能成为这个时代最受欢迎的游戏之一。

案例 3：电商大数据，精准营销的法宝

电商是最早利用大数据进行精准营销的行业，除了精准营销，电商还可以依据客户消费习惯提前为客户备货，并利用便利店作为货物中转点，在客户下单 15 分钟内将货物送上门，提高客户体验。菜鸟网络宣称的 24 小时完成在中国境内的送货，以及京东宣称未来将在 15 分钟内完成送货上门都是基于客户消费习惯的大数据分析和预测。

电商可以利用其交易数据和现金流数据，为其生态圈内的商户提供基于现金流的小额贷款，电商业也可以将此数据提供给银行，同银行合作为中小企业提供信贷支持。由于电商的数据较为集中，数据量足够大，数据种类较多，因此未来电商数据应用将会有更多的想象空间，包括预测流行趋势、消费趋势、地域消费特点、客户消费习惯、各种消费行为的相关度、消费热点、影响消费的重要因素等。依托大数据分析，电商的消费报告将有利于品牌公司的产品设计，生产企业的库存管理和生产计划制订，物流企业的资源配置，生产资料提供方的产能安排等，有利于精细化和社会化大生产。

随着 Web 2.0 和移动互联网的兴起，大数据时代已经到来，因为我们每时每刻创造数据的速度在不断加快，各行各业数据的规模也越来越大，从原来的吉字节(GB)发展为太字节(TB)，再到拍字节(PB)，以后一定会往泽字节(ZB)发展，而且数据的类型也越来越多，有日志、视频、音频、地理位置信息等。随着云计算的普及，数据也越来越集中到云端服务器之上，在这样的前提下，我们就可以对数据集中进行挖掘、分析。典型场景有科学数据、物联网数据、交通数据、社交数据、零售数据、金融数据等，这些场景下无时无刻不存在着大数据，大数据已经和人们的生活息息相关。

1.1.2 大数据的特征

在日常生活中，我们经常会听到“大数据”这个词。那么，充满“神秘感”的大数据到底是什么？我们先来看看麦肯锡全球研究院给出的定义。

大数据是一种规模大到在获取、存储、管理、分析方面大大超出传统数据库软件工具能力范围的数据集合，具有海量的数据规模、快速的数据流转、多样的数据类型和价值密度低四大特征。可以看出，用以区分大数据的核心是上述四大特征。由于这四大特征的英文单词都以 V 开头，我们称之为 4V 特征。

(1) Volume

Volume 指数据量大，包括采集、存储和计算的量都非常大。大数据的起始计量单位至少是 PB(1PB＝1024TB，1TB＝1024GB)，甚至是 EB(1EB=1024PB)及 ZB(1ZB＝1024EB)。

(2) Variety

Variety 指种类和来源多样化，包括结构化、半结构化和非结构化数据，具体表现为网络日志、音频、视频、图片、地理位置信息等，多类型的数据对数据的处理能力提出了更高的要求。

(3) Value

Value 指数据价值密度相对较低，或者说是浪里淘沙却又弥足珍贵。随着互联网以及物联网的广泛应用，信息感知无处不在，信息海量，但价值密度较低。如何结合业务逻辑并通过强大的机器算法挖掘数据价值，是大数据时代最需要解决的问题。

(4) Velocity

Velocity 指数据增长速度快，处理速度也快，时效性要求高。比如搜索引擎要求几分钟前的新闻能够被用户查询到，个性化推荐算法要求尽可能实时完成推荐。这是大数据区别于传统数据挖掘的显著特征。

我们可以把具有以上特征的数据统称为“大数据”。例如，每年的“双十一”购物节产生的巨量交易数据就属于大数据的范畴。

1.1.3 大数据的发展史

大数据在当今是炙手可热的技术，但是它的发展也不是一蹴而就的。早在 20 世纪 90 年代，美国国家航空航天局的大卫·埃尔斯沃思和迈克尔·考克斯在他们研究数据可视化时首次使用了“大数据”的概念。1998 年，*Science* 杂志发表了一篇题为《大数据科学的可视化》的文章，大数据作为一个专用名词正式出现在公共期刊上。不过在当时大数据只是作为一个概念或假设，少数学者对其进行了研究和讨论，其意义仅限于数据量的巨大，对数据的收集、处理和存储没有进一步的探索。

今天我们常说的大数据技术，其实起源于 Google 在 2004 年前后发表的 3 篇论文，分别是《分布式文件系统 GFS》《大数据分布式计算框架 MapReduce》《NoSQL 数据库系统 BigTable》。

2003 年，Google 发表“The Google File System”论文。

2004 年，Google 发表“MapReduce”论文。

2006 年，Google 发表“BigTable”论文。受论文启发 Doug Cutting 启动相关项目，同年 Hadoop 从 Nuth 中分离出来，为了便于 MapReduce 开发，Yahoo 研发了 Pig。

2007 年，Hadoop 成为 Apache 顶级项目，专门运营 Hadoop 的商业公司 Cloudera 成立。

2008 年，Facebook 将 Hive 贡献到开源社区。

2010 年，HBase 独立成为 Apache 顶级项目。

2012 年，Yarn 作为独立项目，负责资源调度。Sqoop 成为 Apache 顶级项目(将关系数据库的数据导入到 Hadoop 平台)。

2014 年，Spark 成为 Apache 顶级项目，Strom 成为 Apache 顶级项目，Flink 成为 Apache 顶级项目。

至此，大数据的技术发展已基本成型，已经出现众多被各互联网企业使用的成熟大数据平台技术，包括 Hadoop、Spark、Strom、Flink 等。大数据技术已经进入到百花齐放的时期。

1.1.4 云计算、大数据和人工智能

当今社会最热门的技术词汇有 3 个，分别是云计算、大数据和人工智能。其实这些所谓的前沿技术之间是存在相关性的，弄清楚它们之间的关系，有利于我们理解这些技术，并理清我们的学习方向和路径，以便合理规划职业发展。

1.1.4.1 云计算概述

云计算是一种可以通过网络方便地接入共享资源池，按需获取计算资源(这些资源包括网络、服务器、存储、应用、服务等)的服务模型。共享池中的资源可以通过较少的管理代价和简单业务交互过程而快速部署和发布。

1. 云计算的 5 个特点

(1) 按需提供服务

消费者不需要或很少需要云服务提供商的协助，就可以单方面按需获取云端的计算资源。

(2) 广泛的网络访问

消费者可以随时随地使用任何云终端设备接入网络并使用云端的计算资源。常见的云终端设备有手机、平板电脑、笔记本电脑、PDA 掌上电脑和台式机等。

(3) 资源池化

云端计算资源需要被池化，以便通过多租户形式共享给多个消费者，也只有池化才能根据消费者的需求，动态分配或再分配各种物理的和虚拟的资源。消费者通常不知道自己正在使用的计算源的确切位置，但是在自助申请时允许指定大概的区域范围(比如在哪个国家、哪个省或者哪个数据中心)。

(4) 高可伸缩性

消费者能方便、快捷地按需获取和释放计算资源，也就是说，需要时能快速获取资源从而扩展计算能力，不需要时能迅速释放资源以便降低计算能力，从而减少资源的使用费用。对于消费者来说，云端的计算资源是无限的，可以随时申请并获取任何数量的计算资源。但是即使是投资巨大的工程，也不一定具备超大规模的运算能力。其实一台计算机就可以组建一个最小的云端，云端建设方案务必采用可伸缩性策略，刚开始是采用几台计算机，然后根据用户数量规模来增减计算资源。

(5) 可量化服务

消费者使用云端计算资源是要付费的，付费的计量方法有很多，比如根据某类资源(如存储、CPU、内存、网络带宽等)的使用量和时间长短计费，也可以按照每使用一次来计费。但不管如何计费，对消费者来说，价码要清楚，计量方法要明确，而运营服务提供商需要监视和控制资源的使用情况，并及时输出各种资源的使用报表，做到供/需双方费用结算清楚、明白。

由于“云”的特殊容错措施，可以采用极其廉价的节点来构成云，“云”的自动化集中式管理使大量企业无须负担日益高昂的数据中心管理成本，“云”的通用性使资源的利用率较之传统系统大幅提升，因此用户可以充分享受“云”的低成本优势，经常只要花费几百美元、几天时间就能完成以前需要数万美元、数月时间才能完成的任务。

2. 云计算的服务模式

云计算主要分为三种服务模式(图 1-1)，而且这个三层的分法主要是从用户体验的角度出发的，这三种服务模式之间及其与传统 IT 的区别如图 1-2 所示。

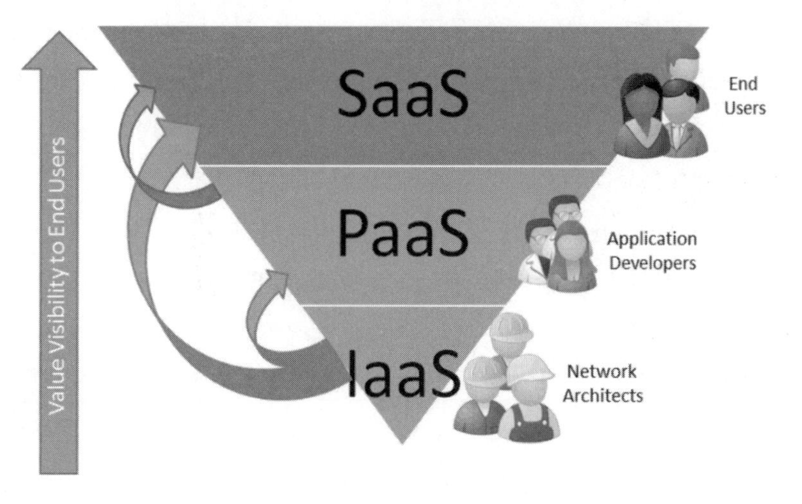

图 1-1

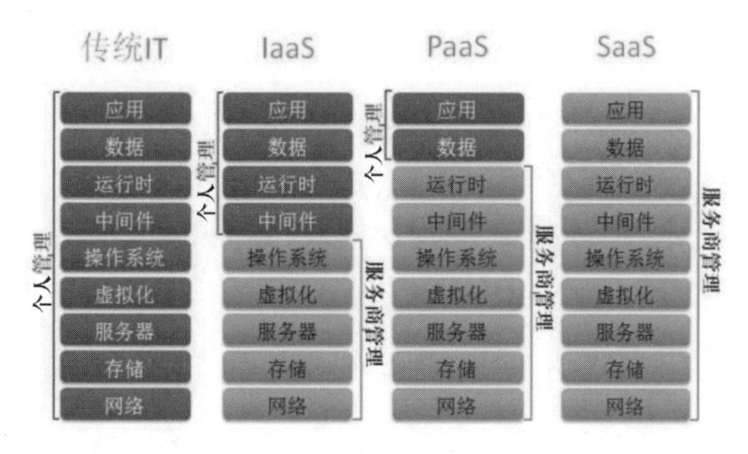

图 1-2

(1) 软件即服务

软件即服务(Software as a Service，SaaS)，该层的作用是将应用作为服务提供给客户。SaaS 的针对性更强，它将某些特定的应用软件封装成服务，而只提供某些专门用途的服务供应用调用。这一层应该是和我们接触最频繁的一层。现在的很多软件系统基础都会使用 SaaS 产品，例如企业中使用非常普遍的企业 IM(即时通信)软件“钉钉”“企业微信”等。

(2) 平台即服务

平台即服务(Platform as a Service，PaaS)，该层的作用是将一个开发平台作为服务提供给用户。PaaS 是对资源进行更进一步的抽象，它提供了用户应用程序的应用环境。PaaS 自身负责资源的动态扩容、容错、灾备，用户的应用程序不需要过多考虑节点间的配合问题，但与此同时，用户的自主权降低，必须使用特定的编程环境并遵照特定的编程模型。例如谷歌的 Google App Engine 服务，它提供的是包括 SDK、文档和测试环境等在内的开发平台，开发人员能够非常方便地开发应用，而且在部署或者运行的时候，用户都无须为服务器、操作系统、网络和存储等资源的管理操心。一台运行 Google App Engine 的服务器能够支撑成千上万的应用，所以 PaaS 服务是非常高效并且经济的，而 PaaS 的主要用户是开发人员。

(3) 基础设施即服务

基础设施即服务(Infrastructure as a Service，IaaS)，该层的作用是提供虚拟机或者其他资源作为服务提供给用户。IaaS 作为云技术的架构的最底层，利用虚拟化技术将硬件设备等基础资源封装成服务供用户使用，用户相当于在使用裸机，既可以让它运行 Windows 系统，也可以让它运行 Linux 系统；既可以作为 Web 服务器，也可以作为数据库服务器。IaaS 最大的优势在于它运行用户动态申请或释放节点，按使用量和使用时间计费。例如大家现在普遍使用的阿里云、腾讯云等云平台，其中就提供虚拟主机的定制功能，并根据定制的规格提供相关收费的服务，如图 1-3 所示。

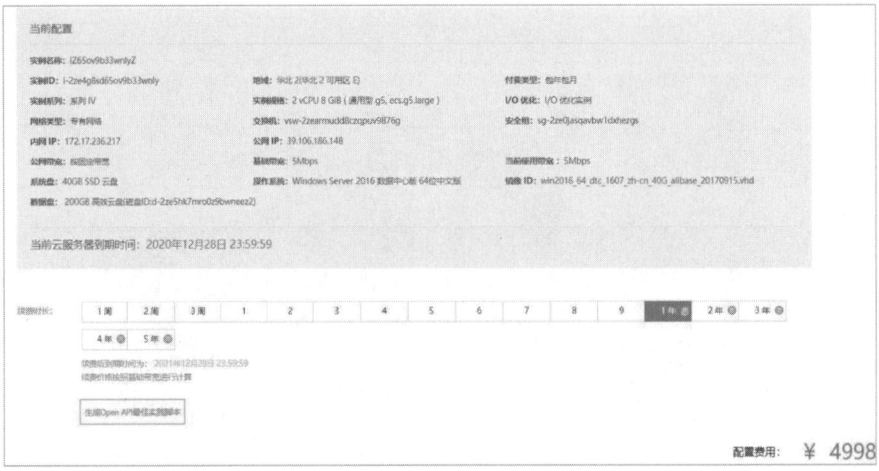

图 1-3

接下来通过一个场景来讲解三者的区别。假设一个程序开发员，想开发一个基于 Web 的互联网应用程序，想使用云端服务，如果选择的是 IaaS，就不用自己搭建或者购买服务器，可以在对应的云平台(例如前面提到的阿里云或者腾讯云)上购买虚拟主机，然后自己在虚拟主机中搭建开发环境进行开发、运行、部署等相关工作。如果选择采用 PaaS，既不需要购买服务器，也不需要自己安装相关软件和开发环境，只需要在对应的云服务器应用(例如前面提到的 Google App Engine)上进行程序的开发即可。再进一步，如果采用的是 SaaS，就可以直接购买具有相关业务的程序，不需要自己开发，而且服务提供商会负责程序的升级、维护、增加服务器等，客户只需要专心运营即可。

从技术上看，大数据与云计算的关系就像一枚硬币的正反面一样密不可分。大数据必然无法用单台的计算机进行处理，必须采用分布式架构。它的特色在于对海量数据进行分布式数据挖掘。但它必须依托云计算的分布式处理、分布式数据库和云存储、虚拟化技术。

1.1.4.2　人工智能概述

其实数据本身并没有用，必须经过一定的处理。例如，用户每天下载的电影、收听的音乐、浏览的网页等，我们都称之为“数据”。数据本身没有什么用处，但数据里面包含一个很重要的东西，叫作信息(Information)。

经过梳理和筛选后的数据才能叫作信息。信息会包含很多规律，我们需要从信息中将规律总结出来，称为知识(Knowledge)。

有了知识，然后通过运用并实践，就产生了智慧(Intelligence)。数据、信息、知识和智慧之间的关系如图 1-4 所示。

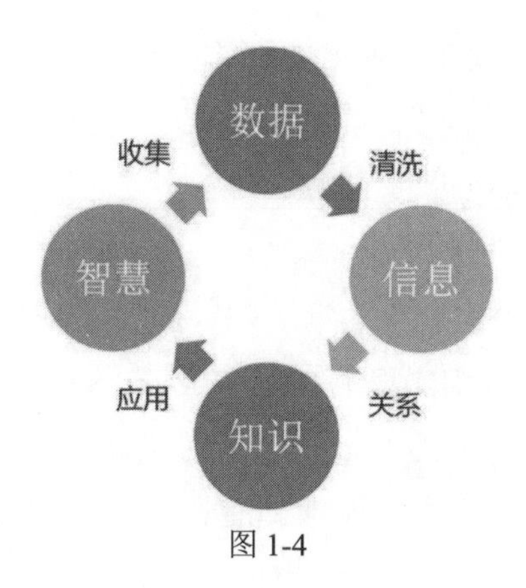

图 1-4

数据的处理分以下几个步骤，完成了才会产生智慧：数据收集→数据传输→数据存储→数据处理和分析→数据检索和挖掘→数据收集。这其实就是人工智能的基础，所谓的人工智能，指的是计算机科学软件的一个分支，它模拟人类的决策和活动。它通过先进的算法和机器学习通过“数据”产生“智慧”，模仿“学习”和“解决问题”等活动。

可以看出，一方面人工智能需要大量的数据作为“思考”和“决策”的基础，另一方面大数据也需要人工智能技术进行数据价值化操作。在大数据价值的两个主要体现当中，数据应用的主要渠道之一就是智能体(人工智能产品)，为智能体提供的数据量越大，智能体运行的效果就会越好，因为智能体通常需要大量的数据进行“训练”和“验证”，从而保障运行的可靠性和稳定性。

1.1.5　大数据平台——Hadoop

前面的章节已经大致对大数据的概念、场景做了介绍，接下来我们进入到对大数据更加具体的认知。先来了解大数据平台——Hadoop。

(1) Hadoop 概况

Hadoop 可以以一种可靠、高效、可扩展的方式存储、管理“大数据”，为管理、挖掘大数据提供一整套成熟可靠的解决方案，Hadoop 可以称作是一个“大数据管理和分析平台”。Hadoop 和大数据之间的关系如图 1-5 所示。

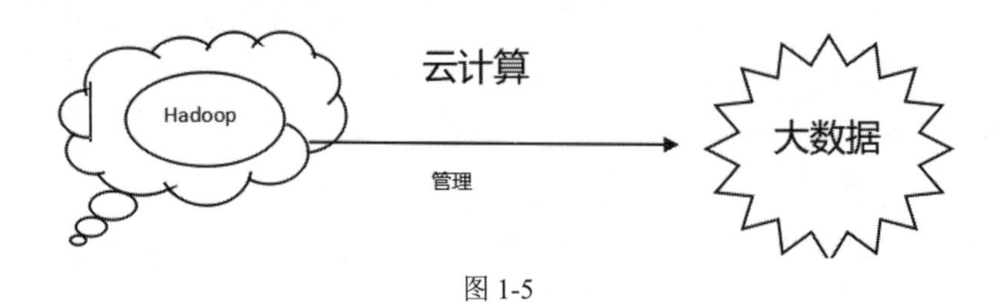

图 1-5

同时 Hadoop 也是 Apache 下的一个开源框架，它允许在整个集群使用简单编程模型计算机的分布式环境存储并处理大数据。它的目的是从单一的服务器扩展到上千台机器，每台机器都可以提供本地计算和存储。

(2) Hadoop 的由来

2003—2004 年，Google 公司公布了部分 GFS 和 MapReduce 思想的细节，受此启发的 Doug Cutting 等用两年的业余时间实现了 DFS 和 MapReduce 机制，使 Nutch 性能得到了很大的提升。然后 Yahoo 招募了 Doug Gutting 及其项目。

2005 年，Hadoop 作为 Lucene 的子项目 Nutch 的一部分正式引入 Apache 基金会。2006 年 2 月被分离出来，成为一套完整独立的软件，起名为 Hadoop。

Hadoop 名字不是一个缩写，而是一个生造出来的词，是 Hadoop 之父 Doug Cutting 以儿子的毛绒玩具象命名的，如图 1-6 所示。

图 1-6

(3) Hadoop 的特点

① 高可靠性

Hadoop 按位存储和处理数据的能力值得人们信赖。

② 高扩展性

Hadoop 是在可用的计算机集簇间分配数据并完成计算任务的，这些集簇可以方便地扩展到数以千计的节点中。

③ 高效性

Hadoop 能够在节点之间动态地移动数据，并保证各个节点的动态平衡，因此处理速度非常快。

④ 高容错性

Hadoop 能够自动保存数据的多个副本，并且能够自动将失败的任务重新做分配。

⑤ 低成本

Hadoop 是开源的，使用的是廉价的硬件设备，项目的软件成本因此会大大降低。

(4) Hadoop 及体系介绍

随着 Hadoop 的不断发展，围绕 Hadoop 的许多软件蓬勃出现，构成了一个生机勃勃的生态圈。

图 1-7 用一只大象生动地描述了 Hadoop 生态的组成部分。当然，这么多组件中核心的组件只有 HDFS 和 MapReduce 两个，这两个组件是整个 Hadoop 平台的基础，也是 Hadoop 中最早出现的组件。在 Hadoop 慢慢演化的过程中不断产生了各种各样提供不同服务的组件。

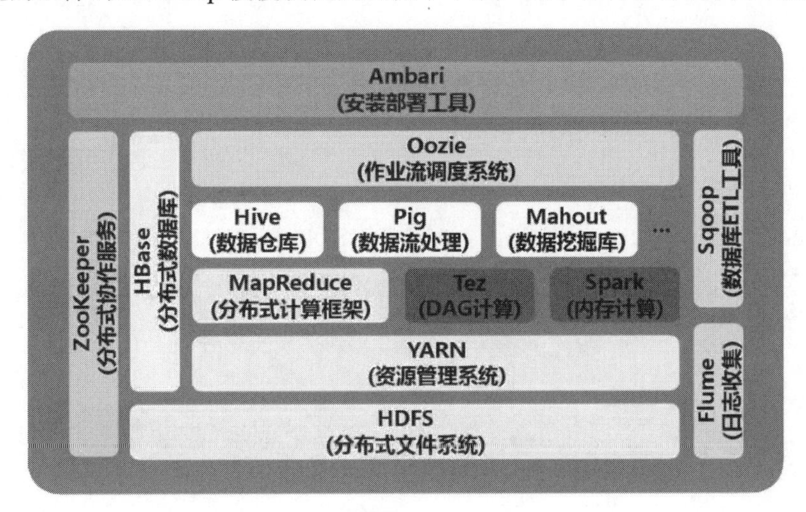

图 1-7

① HDFS

目前大量采用的分布式文件系统，是整个大数据应用场景的基础通用文件存储组。

② MapReduce

分布式计算的基本计算框架。

③ YARN

分布式资源调度，可以接收计算的任务并把它分配到集群各节点处理，相当于大数据操作系统，通用性好，生态支持好。

④ Spark

Spark 提供了一个更快、更通用的数据处理平台。和 Hadoop 相比，Spark 可以让程序在内存中运行的速度提升 100 倍，或者在磁盘上运行的速度提升 10 倍。

⑤ HBase

一种 NoSQL 列簇数据库，支持数十亿行、数百万列大型数据存储和访问，尤其是写数据的性能非常好，数据读取实时性较好，提供一套 API(应用程序接口)，不支持 SQL 操作，数据存储采用 HDFS(Hadoop 分布式文件系统)。

⑥ Hive

通过 HQL(类似 SQL)来统计、分析、生成查询结果，通过解析 HQL 生成可以分布式执行的任务，典型的应用场景是与 HBase 集成。

⑦ Zookeeper

用于协调分布式系统上的各种服务。例如，确认消息是否准确到达，防止单点失效，处理负载均衡等。

⑧ Flume

分布式的海量日志采集、聚合和传输的系统，主要作用是收集和传输数据，也支持非常多的输入输出数据源。

⑨ Sqoop

主要用于在 Hadoop(Hive)与传统的数据库(MySQL、PostgreSQL 等)间进行数据的传递，可以将一个关系数据库(如 MySQL、Oracle、PostgreSQL 等)中的数据导入 Hadoop 的 HDFS 中，也可以将 HDFS 的数据导入关系数据库中。

1.2 学习 Hadoop 的环境准备工作

首选，由于 Hadoop 本身是一个分布式软件框架，而在学习的过程中使用真实的分布式环境不太现实，所以采用虚拟技术来模拟分布式环境(Oracle VM VirtualBox 或者 Vmware WorkStation)；其次，由于 Hadoop 的推荐运行环境和大部分的生成环境都是基于 Linux 的，所以学习 Hadoop 需要有 Linux 操作系统(CentOS/Ubuntu)和 Linux 操作的基础(了解基本操作命令)；再者，Hadoop 是基于 Java 环境的，所以需要在 Linux 中配置 Java 环境。

(1) 下载 Oracle VM VirtualBox

Oracle VM VirtualBox 虚拟机(简称 VM 虚拟机)软件是一款桌面计算机虚拟软件，让用户能够在单一主机上同时运行多个不同的操作系统。每个虚拟操作系统的磁盘分区、数据配置都是独立的，不用担心会影响到自己计算机中原本的数据。而且 VM 还支持实时快照、虚拟网络、文件拖曳传输以及网络安装等方便实用的功能。此外，还可以把多台虚拟机构建成一个专用局域网，使用起来很方便。

① 打开网页 https://www.virtualbox.org/wiki/Downloads，如图 1-8 所示。

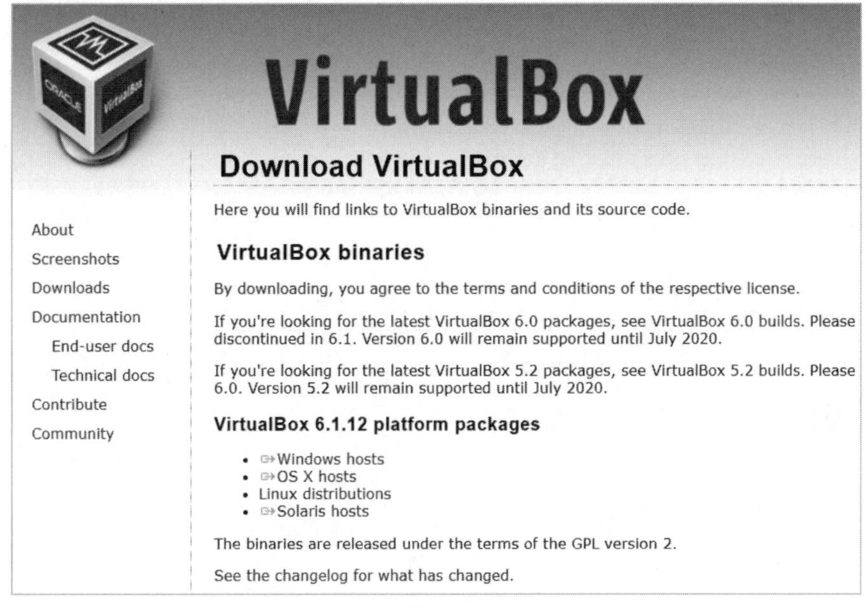

图 1-8

② 选择 Windows hosts 选项，单击“下载”按钮，下载 VirtualBox。

③ 按照提示，不断单击“下一步”按钮进行安装。

(2) 下载 CentOS 7.x

CentOS 是 Community Enterprise Operating System 的缩写，也叫作社区企业操作系统。它是企业 Linux 发行版领头羊 Red Hat Enterprise Linux(以下称之为 RHEL)的再编译版本(也就是所谓的再发行版本)，而且在 RHEL 的基础上修正了不少已知的缺陷(Bug)，相对于其他 Linux 发行版，其稳定性值得信赖。

CentOS 是免费的，用户可以像使用 RHEL 一样使用它构筑企业级的 Linux 系统环境，而不需要向 Red Hat 付任何的费用。CentOS 的技术主要通过社区的官方邮件列表、论坛和聊天室来进行更新维护。

由于 CentOS 是一个免费的且开源的操作系统，所以有很多知名的 IT 公司或学校都会对其进行修改或重新编译而生成自己使用的系统，如阿里云、腾讯云、网易等都有自己的编译系统。由于目前 CentOS 8 版本已经停止更新，为了能够在后面的项目部署中使用一些网络的软件仓库，所以本次项目使用了一个较新的 CentOS 版本，即 CentOS 7。

目前市面上有很多的CentOS系统可供下载，比如CentOS官方网站、阿里云、腾讯云、清华大学开源软件镜像站等。为了能够更好地体验Linux系统的魅力，我们在这里选择使用国内的阿里云作为此次项目的服务器系统。

打开阿里云官方网站，在“开发者”中找到“镜像站”，如图1-9所示。

图 1-9

单击“镜像站”，在打开的镜像站中，选择OS镜像，打开“下载OS镜像”对话框，选择下载的发行版本，然后单击“下载”按钮即可，如图1-10所示。

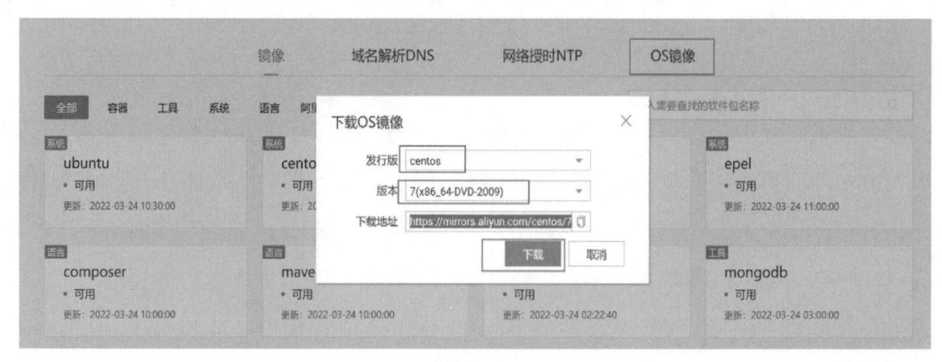

图 1-10

除单击“下载”按钮直接下载系统之外，还可以选择复制下载地址的内容，然后用其他下载工具下载。

接下来介绍在Oracle VM中安装CentOS 7.x[h2]的操作过程。

双击打开Oracle VM软件，单击“新建”按钮，在打开的对话框中输入名称“CentOS 7.0”，如图1-11所示。

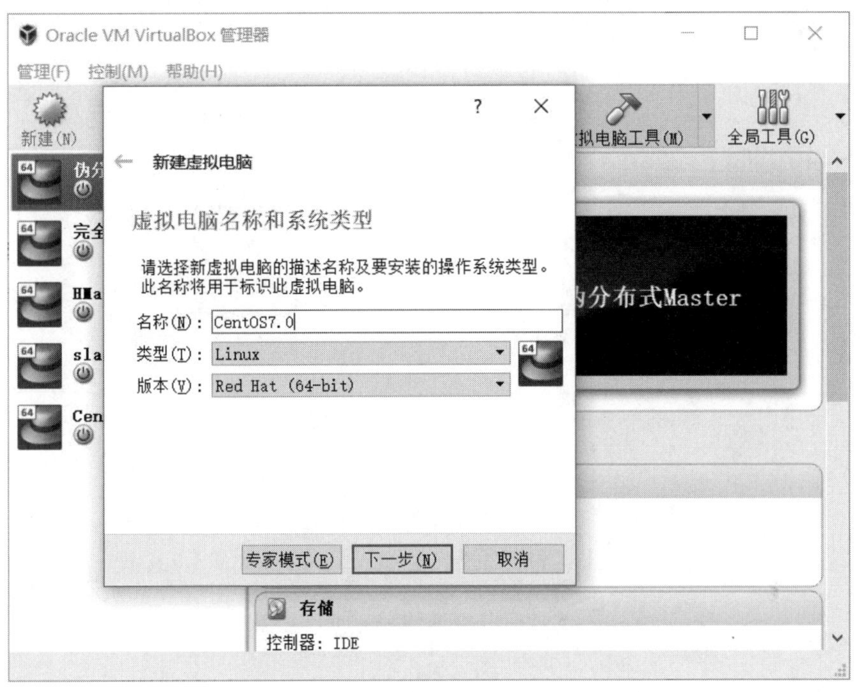

图 1-11

单击“下一步”按钮，设置内存大小，如图 1-12 所示。调整内存大小至少为 2048MB。

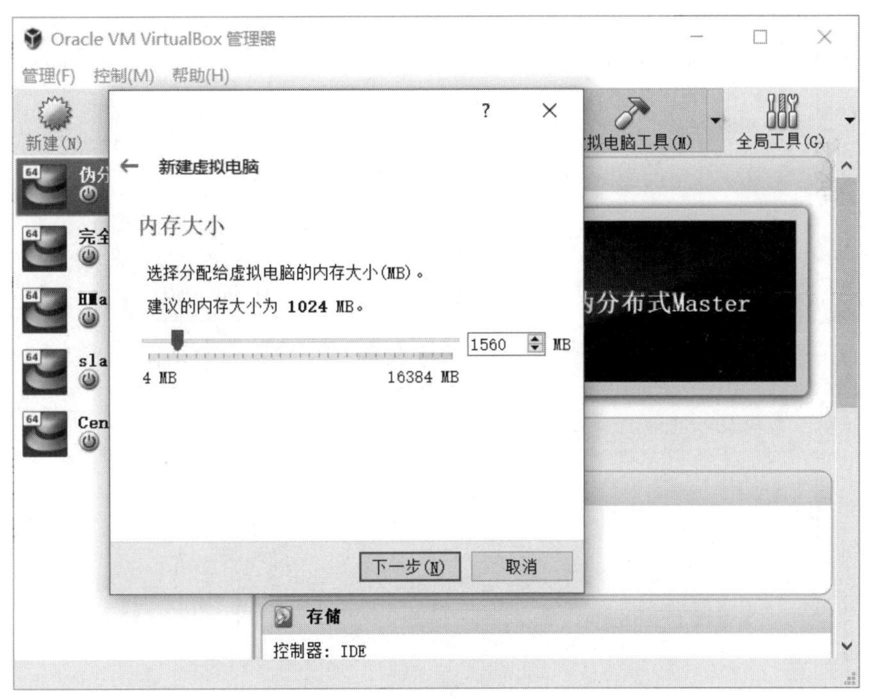

图 1-12

单击“下一步”按钮，设置硬盘类型，选择“现在创建虚拟硬盘”，如图 1-13 所示。

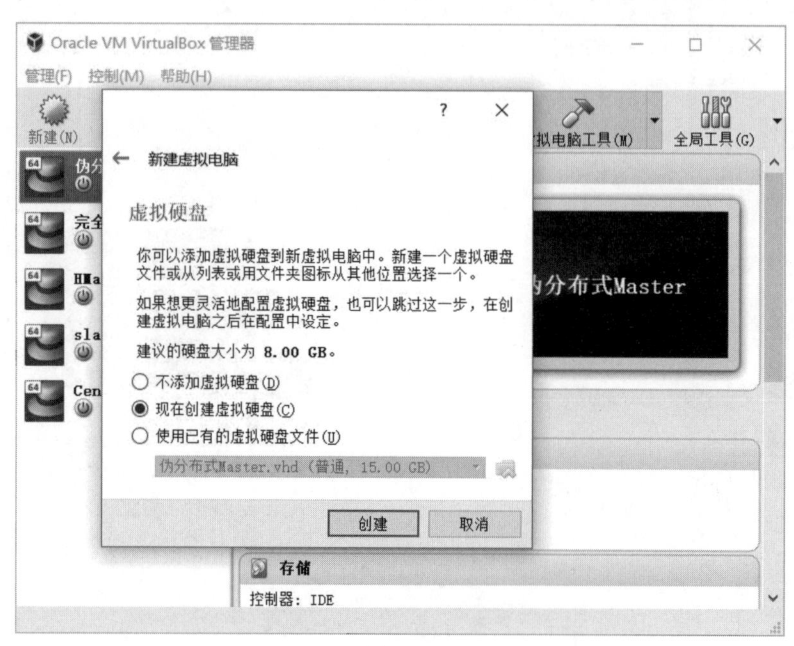

图 1-13

单击“创建”按钮进入“创建虚拟硬盘”界面，选择“VHD(虚拟硬盘)”，如图 1-14 所示。

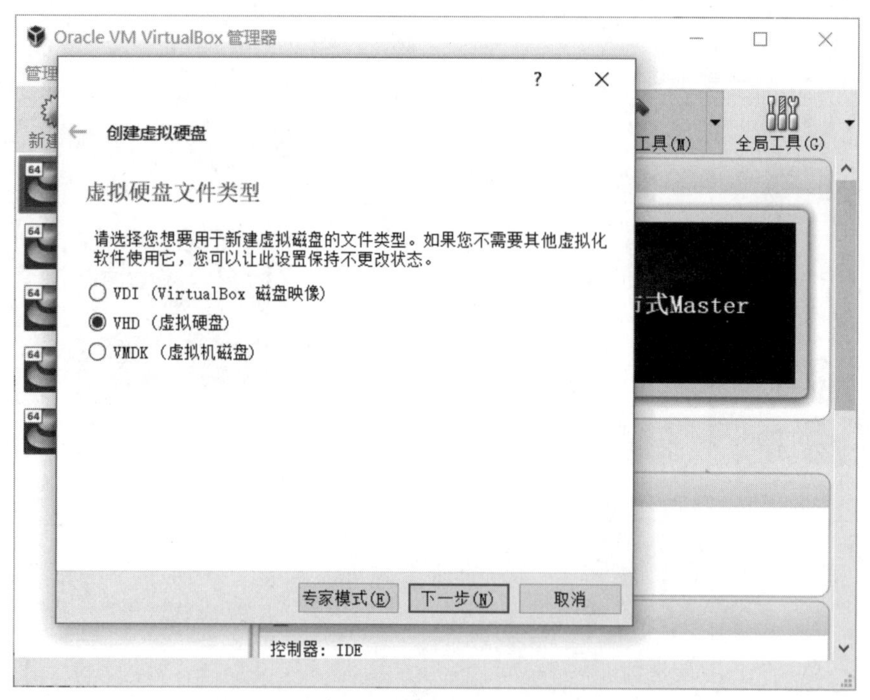

图 1-14

单击“下一步”按钮，选择“固定大小”，以固定容量的方式创建虚拟硬盘，如图 1-15 所示。

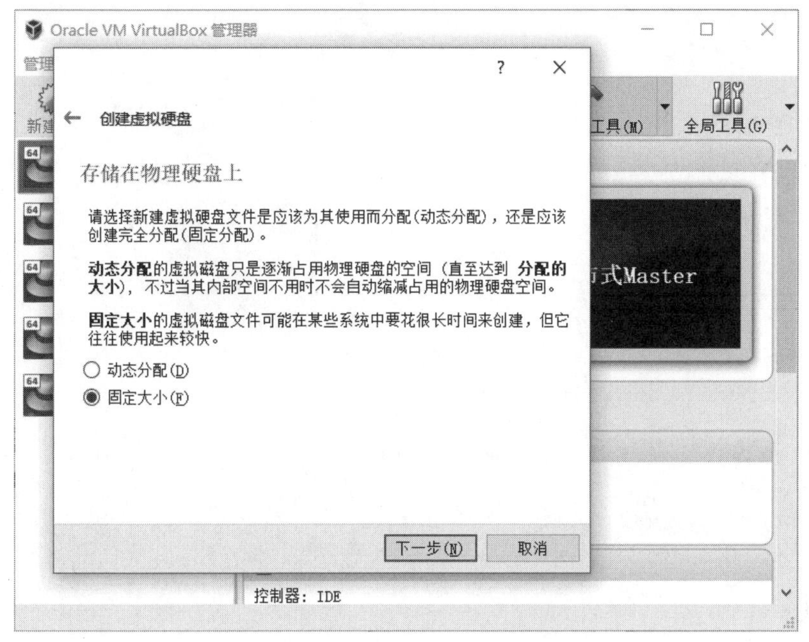

图 1-15

单击“下一步”按钮，选择虚拟硬盘文件的存放路径，如图 1-16 所示。因为虚拟机文件较大，因此建议不要存在系统盘。

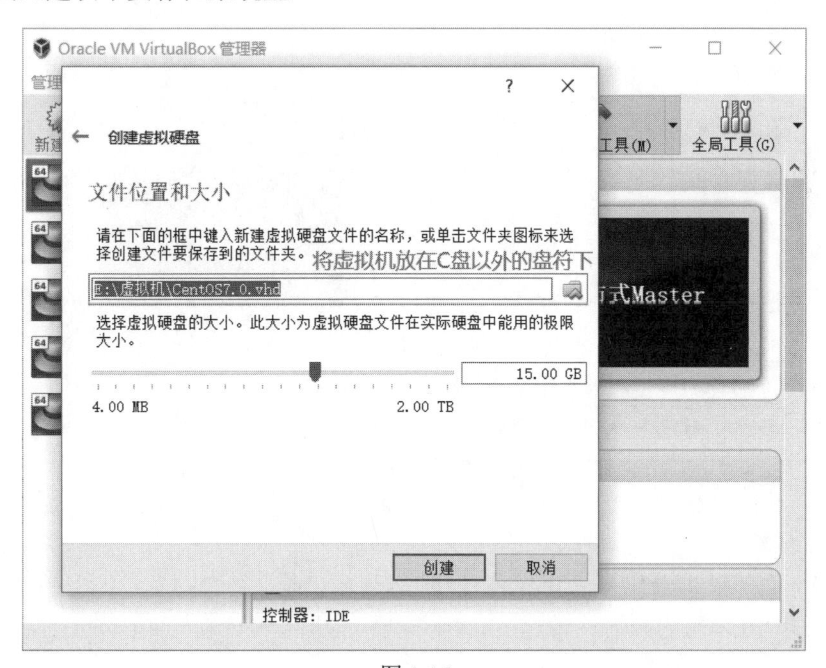

图 1-16

同时设置虚拟硬盘的大小。硬盘的大小建议设置为 15GB。单击“创建”按钮，开始创建虚拟硬盘，如图 1-17 所示。

图 1-17

创建成功后，会在 Oracle VM 界面左侧硬盘列表中看到创建好的虚拟硬盘。此时选择此虚拟硬盘，单击“启动”按钮，启动虚拟硬盘，如图 1-18 所示。

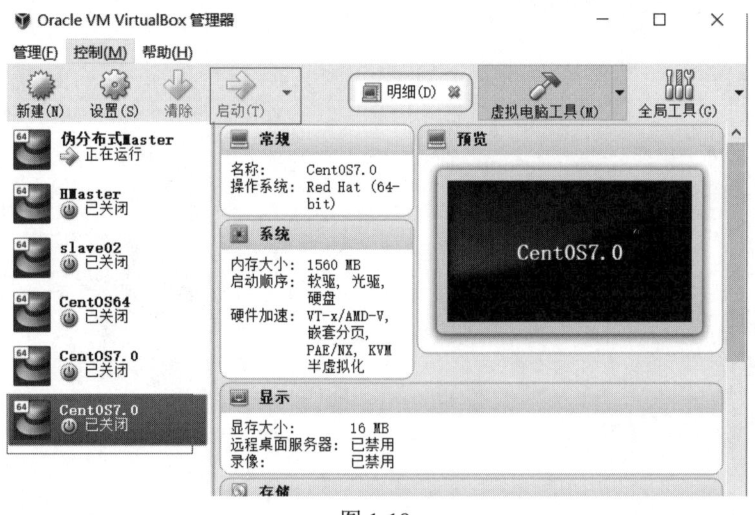

图 1-18

此时 Oracle VM 的右侧启动窗口会打开“选择启动盘”界面。选择下载好的 CentOS 7.x 镜像文件，如图 1-19 所示。

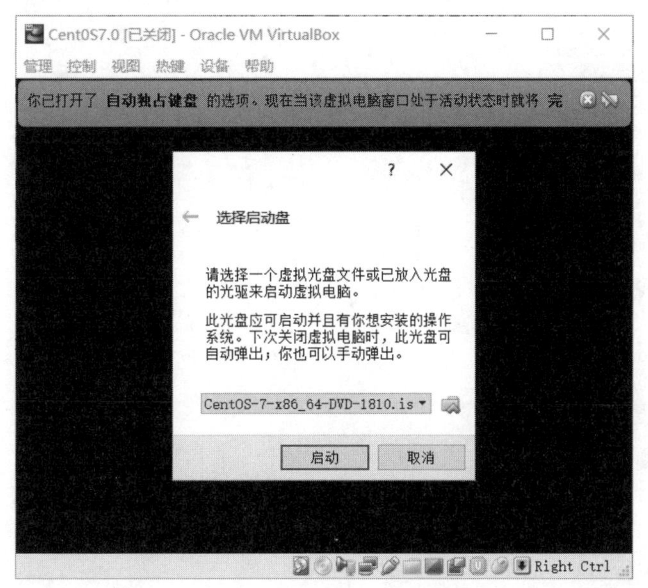

图 1-19

单击“启动”按钮，进入 CentOS 系统图形化安装界面，首先在语言选择栏选择“简体中文”，如图 1-20 所示。

图 1-20

单击“继续”按钮，进入“安装信息摘要”界面。在该界面的系统栏中，单击“安装位置”，选择 CentOS 在硬盘中的安装位置，如图 1-21 所示。

图 1-21

选择好安装位置后，单击“开始安装”按钮，开始安装 CentOS。在安装 CentOS 系统的同时，可以配置 root(管理员)用户的密码，如图 1-22 所示。

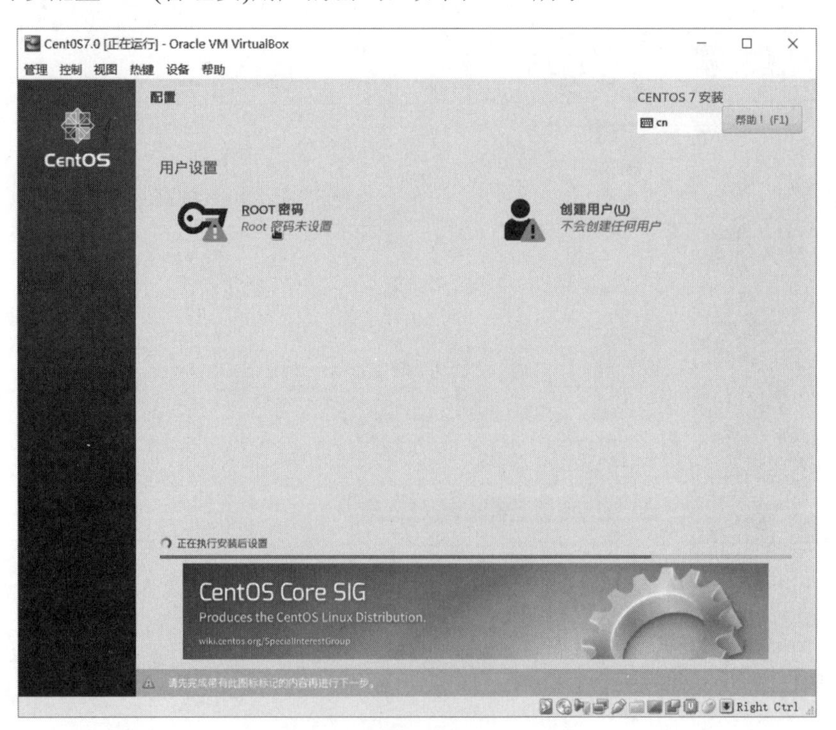

图 1-22

此处为了方便，设置 root 账户的密码为“root12”，如图 1-23 所示。

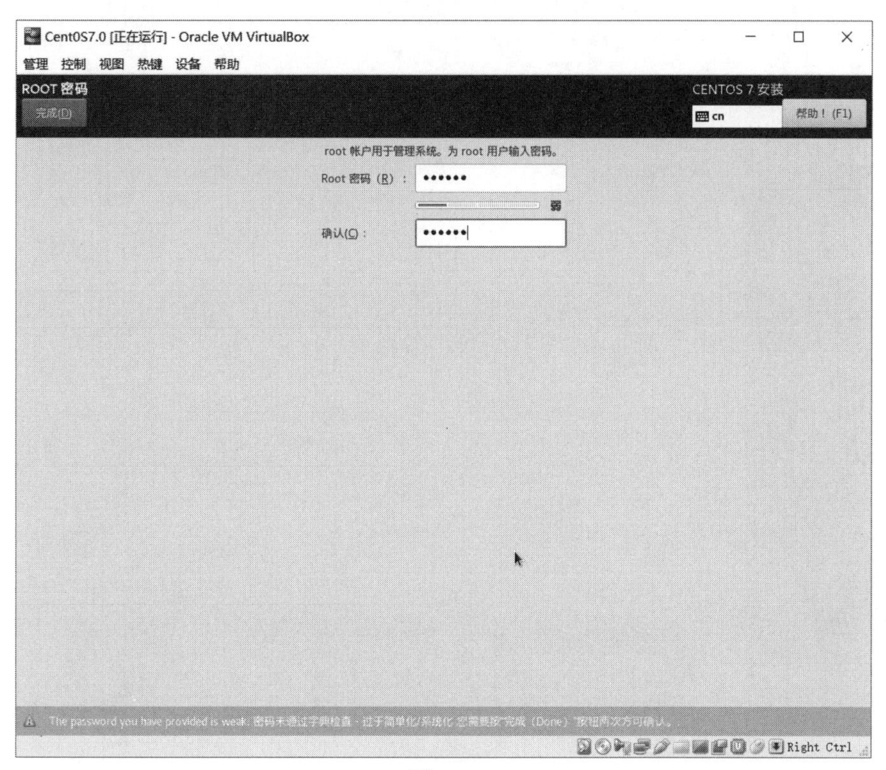

图 1-23

等待进度条到 100%，表示 CentOS 系统已经安装完成，如图 1-24 所示。单击“完成配置”，完成 CentOS 系统的安装操作，如图 1-25 所示。

图 1-24

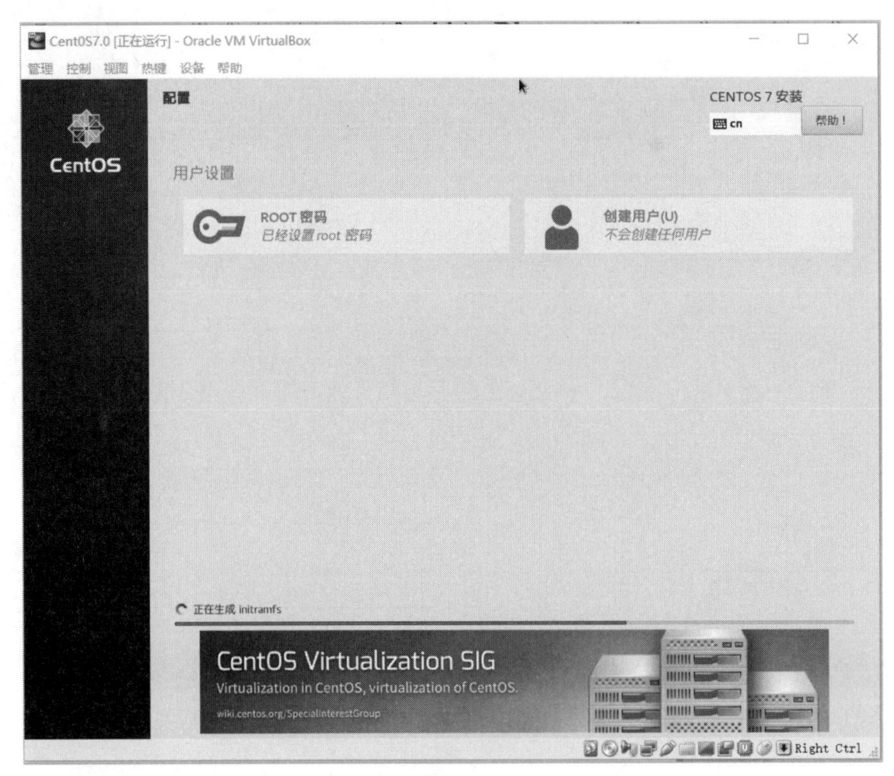

图 1-25

单击“完成配置”后，系统进入初始化阶段。完成初始化后，单击“重启”按钮，系统会自动重新启动，如图 1-26 所示。

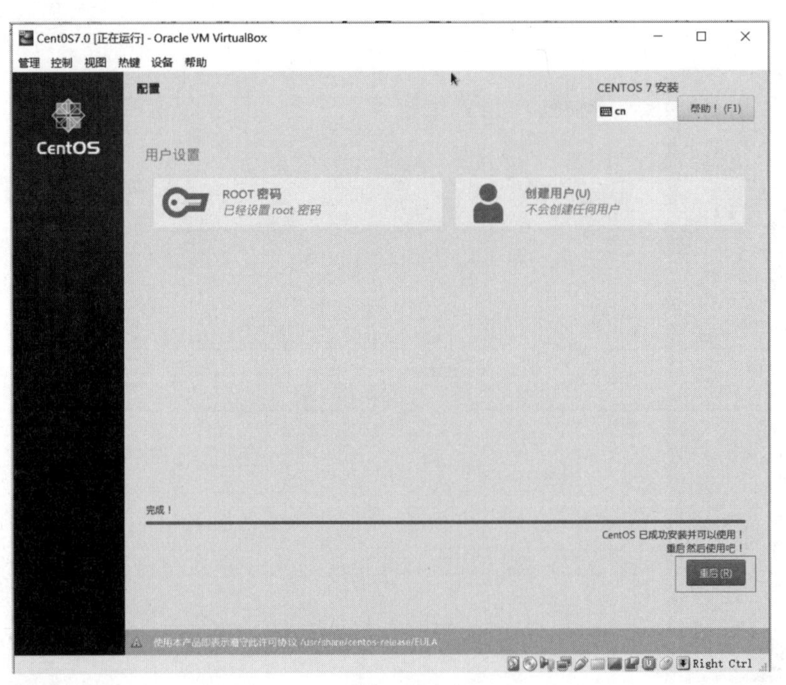

图 1-26

重启完成后，进入 CentOS 系统，选择第一项，如图 1-27 所示。

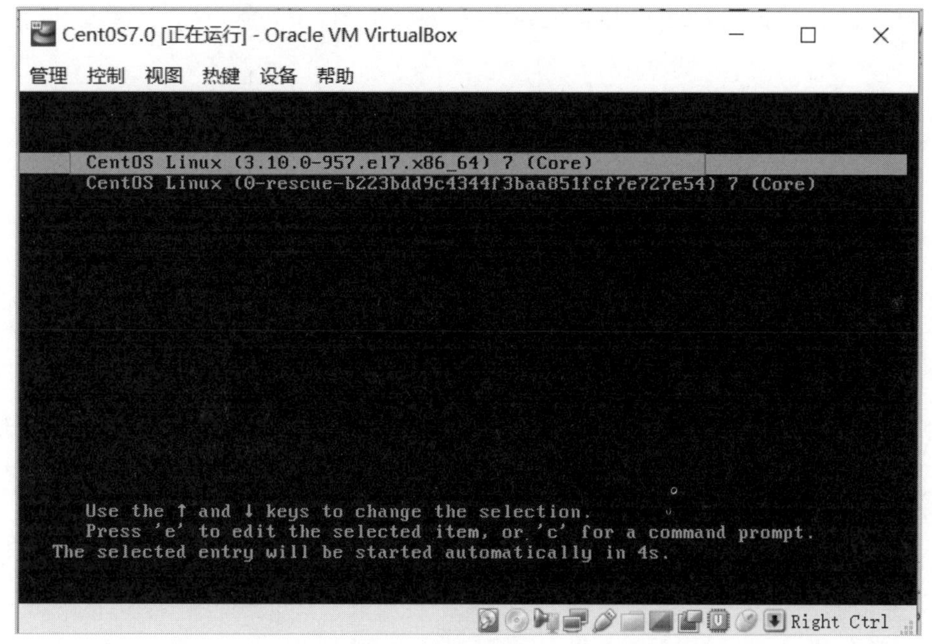

图 1-27

进入系统登录界面，在此界面中根据系统提示，输入账号 root 以及设置的密码 root12 登录系统，如图 1-28 所示。

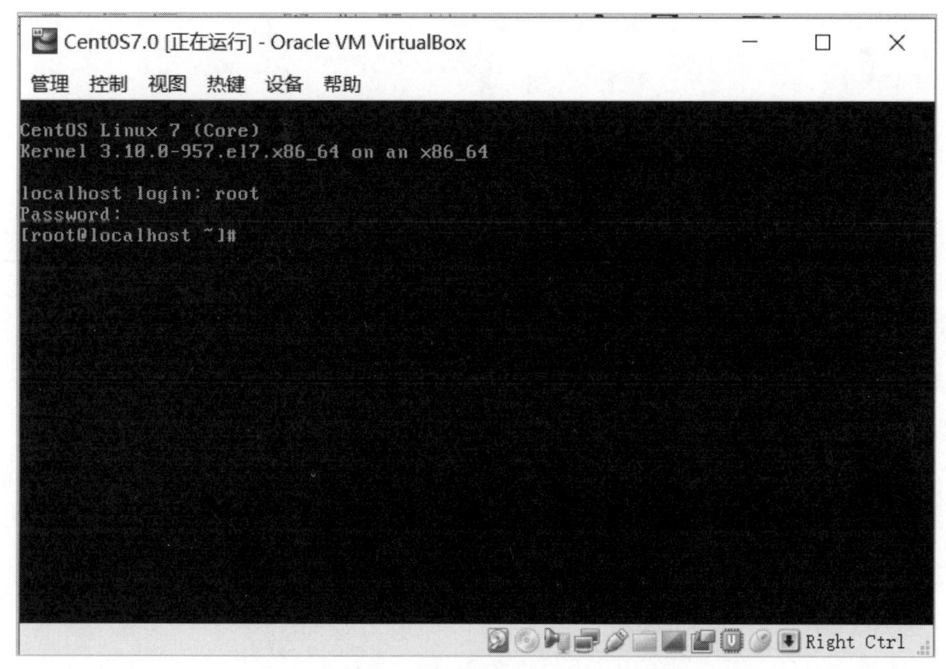

图 1-28

至此，我们已经在虚拟机中安装好了 CentOS 7 系统，在接下来的章节中我们会在此环境中进行各种相关操作和配置，以构建和使用 Hadoop 平台。

单元小结

- 大数据基本概述
- Hadoop 及体系介绍
- Hadoop 的环境准备工作

单元自测

选择题

1. Hadoop 的作者是(　　)。

   A. Martin Fowler　　B. Kent Beck

   C. Doug cutting

2. 下面选项(　　)不属于 Google 的三驾马车。

   A. HDFS　　B. MapReduce

   C. BigTable　　D. GFS

3. 下面选项(　　)是大数据的基本特征。

   A. 数据体量大　　B. 数据类型多

   C. 处理速度快　　D. 价值密度低

4. Hadoop 能够使用户轻松开发和运行处理大数据的应用程序，它具有的特点是(　　)。(多选题)

   A. 高可靠性　　B. 可扩展性

   C. 高效性　　D. 高容错性

5. Hadoop 能够使用户轻松开发和运行处理大数据的应用程序，下面(　　)不属于 Hadoop 的特性。

   A. 高可靠性、高容错性　　B. 高扩展性

   C. 高实时性　　D. 高效性

■ 问答题

1. 理解什么是云计算、大数据和人工智能，梳理三者之间的关系。
2. 请解释什么是大数据的 4V 特性。

■ 上机题

完成 CentOS 7 的环境安装。

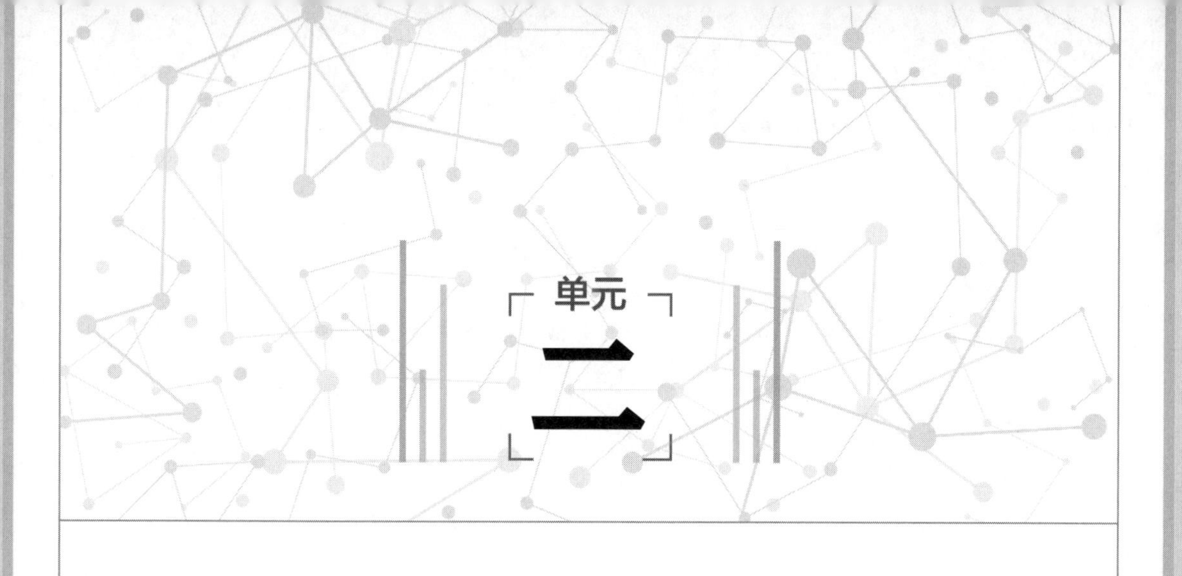

大数据必备Linux知识

课程目标

- ❖ 掌握 Linux 的常用命令
- ❖ 掌握 Linux 网络配置操作
- ❖ 掌握 Linux 用户管理操作
- ❖ 了解 Linux 组和权限管理操作
- ❖ 掌握 Linux VI 编辑器的使用

简介

Linux，全称为GNU/Linux，是一套免费使用和自由传播的类UNIX操作系统，支持多用户，完全兼容POSIX 1.0标准，具有字符界面和图形界面，并且支持多种平台。Linux系统稳定，有着健壮而稳定的网络功能，能够很好地支撑大数据的生态环境。

2.1 Linux目录结构

通过单元一对CentOS 7的安装和使用，我们知道Linux最大的特点就是一切皆文件(不管是命令还是程序)，而所有的文件又根据功能存放在不同的目录之下，所以要学好Linux就必须先把Linux的目录结构，以及核心目录的作用理解清楚。Linux的常用目录结构如图2-1所示。

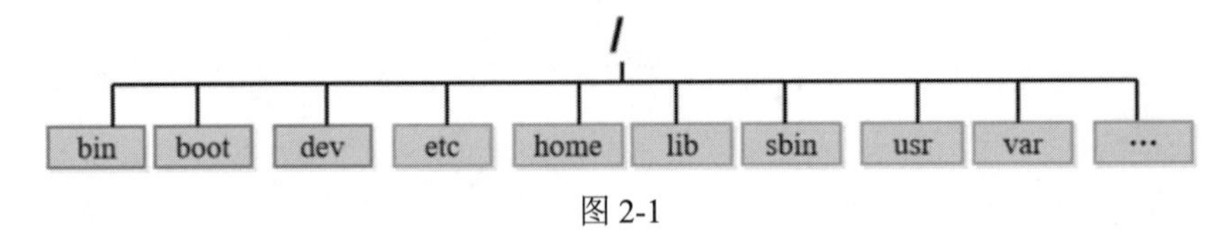

图2-1

接下来对常用目录结构进行说明。

- /bin

bin是Binary的缩写，这个目录存放着经常使用的命令。

- /boot

这里存放的是启动Linux时使用的一些核心文件，包括一些链接文件以及镜像文件。

- /dev

dev是Device(设备)的缩写，该目录下存放的是Linux的外部设备，在Linux中访问设备的方式和访问文件的方式相同。

- /etc

这个目录用来存放所有的系统管理所需要的配置文件和子目录。

- /home

用户的主目录。在Linux中，每个用户都有一个自己的目录，一般该目录名是以用户的账号命名的。

- /lib

这个目录里存放着系统最基本的动态链接共享库，其作用类似于 Windows 中的 DLL 文件。几乎所有的应用程序都需要用到这些共享库。

- /opt

这是给主机额外安装软件所存放的目录。比如安装一个 Oracle 数据库，就可以放到这个目录下。该目录默认是空的。

- /root

该目录为系统管理员(也称作超级权限者)的用户主目录。

- /sbin

s 即 Super User，这里存放的是系统管理员使用的系统管理程序。

- /tmp

这个目录用来存放一些临时文件。

- /usr

这是一个非常重要的目录，用户的很多应用程序和文件都放在这个目录下，类似于 Windows 下的 Program Files 目录。

- /usr/bin

系统用户使用的应用程序。

- /usr/sbin

超级用户使用的比较高级的管理程序和系统守护程序。

- /var

这个目录中存放着不断扩充的文件，我们习惯将经常被修改的文件放在这个目录下，包括各种日志文件。

2.2 Linux 运行级别

通过使用 Linux 操作系统，会发现在启动 Linux 操作系统的过程中，在进入我们熟悉的“桌面”前还需要运行很多守护进程。Linux 在启动时会经过以下流程，如图 2-2 所示。

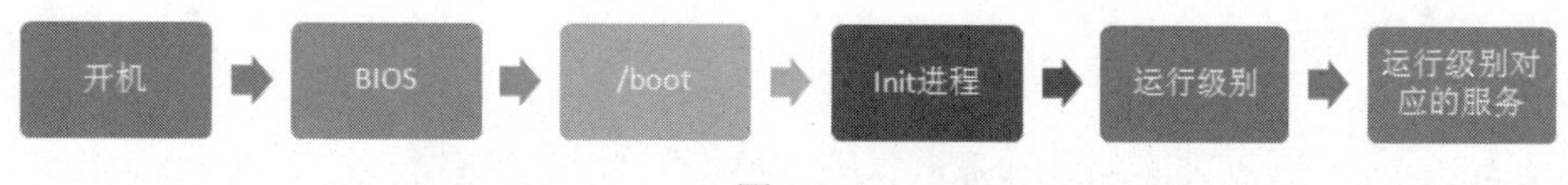

图 2-2

Linux 运行级别和对应状态如表 2-1 所示。

表 2-1

级别	状态
0	停机状态。系统默认运行级别不能设置为 0，否则系统不能正常启动；使用 init 0 命令，可关闭系统，相当于 halt 命令
1	单用户状态。仅 root 用户可登录；用于系统维护，禁止远程登录，相当于 Windows 下的安全模式
2	多用户状态(没有 NFS)。没有网络服务
3	完整的多用户状态(有 NFS)。有网络服务，登录后进入控制台命令行模式
4	系统未使用，保留
5	X11 控制台，登录后进入图形用户界面(GUI)模式
6	重启，系统正常关闭并重启。默认运行级别不能设置为 6，否则系统不能正常启动

通过 runlevel 命令可查看当前的系统运行级别，其命令如下：

```
[root@master / ]# runlevel
N 5
[root@master / ]#
```

通过 init N 命令可临时切换系统运行级别，其命令如下：

```
[root@master / ]# init 3
[root@master / ]# runlevel
5 3
[root@master / ]#
```

2.3 Linux 常用命令

Linux 系统中的命令非常多，前面我们已经用到了。在 Linux 中一些基本的命令使用是需要掌握的，以下是常用的命令举例。可能你会发现其中有一些命令没有见过，不要惊讶，本书主要是结合实际项目挑选的命令。

2.3.1 帮助命令

(1) 语法：man [命令或配置文件]

作用：获取帮助信息。

命令如下，效果如图 2-3 所示。

```
[hmaster@master ~ ]$ man ls
```

```
LS(1)                          User Commands                          LS(1)

NAME
       ls - list directory contents

SYNOPSIS
       ls [OPTION]... [FILE]...

DESCRIPTION
       List information about the FILEs (the current directory by default).  Sort entries alphabetically if none of -cftuvSUX nor --sort.

       Mandatory arguments to long options are mandatory for short options too.

       -a, --all
              do not ignore entries starting with .

       -A, --almost-all
              do not list implied . and ..

       --author
              with -l, print the author of each file
```

图 2-3

注意：

使用“q”可以退出。

(2) 语法：help [命令或配置文件]

作用：获取帮助信息。

命令如下，效果如图 2-4 所示。

```
[hmaster@master ~ ]$ help cd
```

```
[hmaster@master ~]$ help cd
cd: cd [-L|-P] [dir]
    Change the shell working directory.

    Change the current directory to DIR.  The default DIR is the value of the
    HOME shell variable.

    The variable CDPATH defines the search path for the directory containing
    DIR.  Alternative directory names in CDPATH are separated by a colon (:).
    A null directory name is the same as the current directory.  If DIR begins
    with a slash (/), then CDPATH is not used.

    If the directory is not found, and the shell option `cdable_vars' is set,
    the word is assumed to be  a variable name.  If that variable has a value,
    its value is used for DIR.

    Options:
        -L      force symbolic links to be followed
        -P      use the physical directory structure without following symbolic
        links

    The default is to follow symbolic links, as if `-L' were specified.

    Exit Status:
    Returns 0 if the directory is changed; non-zero otherwise.
```

图 2-4

2.3.2 显示当前目录绝对路径命令

语法：pwd

作用：显示当前目录的绝对路径。

命令如下，效果如图 2-5 所示。

```
[hmaster@master ~ ]$ pwd
```

```
[hmaster@master ~]$ pwd
/home/hmaster
```

图 2-5

2.3.3 列出目录命令

语法：ls [选项] 目录或文件

选项：

- -a：显示全部的文件，包括隐藏文件。
- -l：以列表的形式显示。
- -h：显示文件大小，以 k、m、g 单位显示。

作用：列出目录。

命令如下，效果如图 2-6 所示。

```
[hmaster@master ~ ]$ ls
[hmaster@master ~ ]$ ls -a
[hmaster@master ~ ]$ ls -l
```

```
[hmaster@master ~]$ ls
app  data  lib  maven-resp  shell  software  公共的  模板  视频  图片  文档  下载  音乐  桌面
[hmaster@master ~]$ ls -a
.               .bash_profile  .dmrc      .gnome2_private  .imsettings.log  .mysql_history  .ssh                          .Xauthority          图片
..              .bashrc        .emacs     .gnote           .lesshst         .nautilus       .vboxclient-clipboard.pid     .xsession-errors     文档
.abrt           .cache         .esd_auth  .gnupg           lib              .pulse          .vboxclient-display.pid       .xsession-errors.old 下载
app             .config        .gconf     .gtk-bookmarks   .local           .pulse-cookie   .vboxclient-draganddrop.pid   公共的               音乐
.bash_history   data           .gconfd    .gvfs            maven-resp       shell           .vboxclient-seamless.pid      模板                 桌面
.bash_logout    .dbus          .gnome2    .ICEauthority    .mozilla         software        .viminfo                      视频
[hmaster@master ~]$ ls -l
总用量 56
drwxrwxr-x. 7 hmaster hmaster 4096 3月  14 2019 app
drwxrwxr-x. 3 hmaster hmaster 4096 3月   6 2019 data
drwxrwxr-x. 2 hmaster hmaster 4096 3月   6 2019 lib
drwxrwxr-x. 2 hmaster hmaster 4096 3月   6 2019 maven-resp
drwxrwxr-x. 2 hmaster hmaster 4096 3月   6 2019 shell
drwxrwxr-x. 2 hmaster hmaster 4096 3月  14 2019 software
drwxr-xr-x. 2 hmaster hmaster 4096 1月  28 2019 公共的
drwxr-xr-x. 2 hmaster hmaster 4096 1月  28 2019 模板
drwxr-xr-x. 2 hmaster hmaster 4096 1月  28 2019 视频
drwxr-xr-x. 2 hmaster hmaster 4096 1月  28 2019 图片
drwxr-xr-x. 2 hmaster hmaster 4096 1月  28 2019 文档
drwxr-xr-x. 2 hmaster hmaster 4096 1月  28 2019 下载
drwxr-xr-x. 2 hmaster hmaster 4096 1月  28 2019 音乐
drwxr-xr-x. 2 hmaster hmaster 4096 1月  28 2019 桌面
```

图 2-6

2.3.4　切换目录命令

语法：cd [选项] 目录

选项：

- .：切换到当前目录。
- ..：切换到上一级目录。
- ~：切换到当前用户的家目录，用法为 cd ~或 cd。
- /：切换到根目录。

作用：切换目录。

命令如下，效果如图 2-7 所示。

```
[hmaster@master data ]$ pwd
/home/hmaster/data
[hmaster@master data ]$ cd.
[hmaster@master data ]$ cd..
[hmaster@master ~]$ pwd
/home/hmaster
[hmaster@master ~]$ cd /
[hmaster@master ~]$ pwd
/
```

```
[hmaster@master data]$ pwd
/home/hmaster/data
[hmaster@master data]$ cd .
[hmaster@master data]$ cd ..
[hmaster@master ~]$ pwd
/home/hmaster
[hmaster@master ~]$ cd /
[hmaster@master /]$ pwd
/
```

图 2-7

2.3.5　创建目录命令

语法：mkdir [选项] 要创建的目录路径

选项：

- -pv：创建子目录的同时创建父目录。

作用：创建目录。

命令如下，效果如图 2-8 所示。

```
[hmaster@master ~]$ mkdir -pv tmp/tmpdir
```

```
[hmaster@master ~]$ mkdir -pv tmp/tmpdir
mkdir: 已创建目录 "tmp"
mkdir: 已创建目录 "tmp/tmpdir"
```

图 2-8

2.3.6 删除文件或目录命令

语法：rm [选项] 文件或目录

选项：

- -r：递归删除。
- -f：强制删除。

作用：删除文件或目录。

命令如下，效果如图 2-9 所示。

```
[hmaster@master ~]$ ls
[hmaster@master ~]$ rm -rf tmp/tmpdir/
[hmaster@master ~]$ ls
[hmaster@master ~]$ cd tmp/
[hmaster@master tmp ]$ ls
[hmaster@master tmp ]$ cd ~
[hmaster@master ~]$ rm -rf tmp
[hmaster@master ~]$ ls
```

```
[hmaster@master ~]$ ls
app  data  lib  maven-resp  shell  software  tmp  公共的  模板  视频  图片  文档  下载  音乐  桌面
[hmaster@master ~]$ rm -rf tmp/tmpdir/
[hmaster@master ~]$ ls
app  data  lib  maven-resp  shell  software  tmp  公共的  模板  视频  图片  文档  下载  音乐  桌面
[hmaster@master ~]$ cd tmp/
[hmaster@master tmp]$ ls
[hmaster@master tmp]$ cd ~
[hmaster@master ~]$ rm -rf tmp
[hmaster@master ~]$ ls
app  data  lib  maven-resp  shell  software  公共的  模板  视频  图片  文档  下载  音乐  桌面
```

图 2-9

2.3.7 创建空文件

语法：touch 文件名

作用：创建空文件。

命令如下，效果如图 2-10 所示。

```
[hmaster@master ~]$ ls -l
[hmaster@master ~]$ touch tmp.txt
[hmaster@master ~]$ ls -l
```

```
[hmaster@master ~]$ ls -l
总用量 56
drwxrwxr-x. 7 hmaster hmaster 4096 3月  14 2019 app
drwxrwxr-x. 3 hmaster hmaster 4096 3月   6 2019 data
drwxrwxr-x. 2 hmaster hmaster 4096 3月   6 2019 lib
drwxrwxr-x. 2 hmaster hmaster 4096 3月   6 2019 maven-resp
drwxrwxr-x. 2 hmaster hmaster 4096 3月   6 2019 shell
drwxrwxr-x. 2 hmaster hmaster 4096 3月  14 2019 software
drwxr-xr-x. 2 hmaster hmaster 4096 1月  28 2019 公共的
drwxr-xr-x. 2 hmaster hmaster 4096 1月  28 2019 模板
drwxr-xr-x. 2 hmaster hmaster 4096 1月  28 2019 视频
drwxr-xr-x. 2 hmaster hmaster 4096 1月  28 2019 图片
drwxr-xr-x. 2 hmaster hmaster 4096 1月  28 2019 文档
drwxr-xr-x. 2 hmaster hmaster 4096 1月  28 2019 下载
drwxr-xr-x. 2 hmaster hmaster 4096 1月  28 2019 音乐
drwxr-xr-x. 2 hmaster hmaster 4096 1月  28 2019 桌面
[hmaster@master ~]$ touch tmp.txt
[hmaster@master ~]$ ls -l
总用量 56
drwxrwxr-x. 7 hmaster hmaster 4096 3月  14 2019 app
drwxrwxr-x. 3 hmaster hmaster 4096 3月   6 2019 data
drwxrwxr-x. 2 hmaster hmaster 4096 3月   6 2019 lib
drwxrwxr-x. 2 hmaster hmaster 4096 3月   6 2019 maven-resp
drwxrwxr-x. 2 hmaster hmaster 4096 3月   6 2019 shell
drwxrwxr-x. 2 hmaster hmaster 4096 3月  14 2019 software
-rw-rw-r--. 1 hmaster hmaster    0 3月  20 16:14 tmp.txt
drwxr-xr-x. 2 hmaster hmaster 4096 1月  28 2019 公共的
drwxr-xr-x. 2 hmaster hmaster 4096 1月  28 2019 模板
drwxr-xr-x. 2 hmaster hmaster 4096 1月  28 2019 视频
drwxr-xr-x. 2 hmaster hmaster 4096 1月  28 2019 图片
```

图 2-10

2.3.8　复制命令

语法：cp[选项]源地址 目的地址

选项：

- -r：递归复制整个文件夹。
- -f：强制复制。

作用：复制。

命令如下，效果如图 2-11 所示。

```
[hmaster@master ~]$ cp tmp.txt ./tmpbak.txt
[hmaster@master ~]$ ls -l
```

```
[hmaster@master ~]$ cp tmp.txt ./tmpbak.txt
[hmaster@master ~]$ ls -l
总用量 56
drwxrwxr-x. 7 hmaster hmaster 4096 3月  14 2019 app
drwxrwxr-x. 3 hmaster hmaster 4096 3月   6 2019 data
drwxrwxr-x. 2 hmaster hmaster 4096 3月   6 2019 lib
drwxrwxr-x. 2 hmaster hmaster 4096 3月   6 2019 maven-resp
drwxrwxr-x. 2 hmaster hmaster 4096 3月   6 2019 shell
drwxrwxr-x. 2 hmaster hmaster 4096 3月  14 2019 software
-rw-rw-r--. 1 hmaster hmaster    0 3月  20 16:16 tmpbak.txt
-rw-rw-r--. 1 hmaster hmaster    0 3月  20 16:14 tmp.txt
drwxr-xr-x. 2 hmaster hmaster 4096 1月  28 2019 公共的
drwxr-xr-x. 2 hmaster hmaster 4096 1月  28 2019 模板
drwxr-xr-x. 2 hmaster hmaster 4096 1月  28 2019 视频
drwxr-xr-x. 2 hmaster hmaster 4096 1月  28 2019 图片
```

图 2-11

2.3.9 移动/重命名命令

语法：mv 源地址 目的地址

作用：移动/重命名。

注意：

如果在同一个文件夹下，就是重命名，否则，就是移动。

命令如下，效果如图 2-12 所示。

```
[hmaster@master ~]$ mv tmpbak.txt tmpbaktwo.txt
[hmaster@master ~]$ ls -l
```

```
[hmaster@master ~]$ mv tmpbak.txt  tmpbaktwo.txt
[hmaster@master ~]$ ls -l
总用量 56
drwxrwxr-x. 7 hmaster hmaster 4096 3月  14 2019 app
drwxrwxr-x. 3 hmaster hmaster 4096 3月   6 2019 data
drwxrwxr-x. 2 hmaster hmaster 4096 3月   6 2019 lib
drwxrwxr-x. 2 hmaster hmaster 4096 3月   6 2019 maven-resp
drwxrwxr-x. 2 hmaster hmaster 4096 3月   6 2019 shell
drwxrwxr-x. 2 hmaster hmaster 4096 3月  14 2019 software
-rw-rw-r--. 1 hmaster hmaster    0 3月  20 16:16 tmpbaktwo.txt
-rw-rw-r--. 1 hmaster hmaster    0 3月  20 16:14 tmp.txt
drwxr-xr-x. 2 hmaster hmaster 4096 1月  28 2019 公共的
drwxr-xr-x. 2 hmaster hmaster 4096 1月  28 2019 模板
drwxr-xr-x. 2 hmaster hmaster 4096 1月  28 2019 视频
drwxr-xr-x. 2 hmaster hmaster 4096 1月  28 2019 图片
drwxr-xr-x. 2 hmaster hmaster 4096 1月  28 2019 文档
drwxr-xr-x. 2 hmaster hmaster 4096 1月  28 2019 下载
drwxr-xr-x. 2 hmaster hmaster 4096 1月  28 2019 音乐
drwxr-xr-x. 2 hmaster hmaster 4096 1月  28 2019 桌面
```

图 2-12

命令如下，效果如图 2-13 所示。

```
[hmaster@master ~]$ mv tmpbaktwo.txt ~/app/
[hmaster@master ~]$ ls ~/app/ -l
```

```
[hmaster@master ~]$ mv tmpbaktwo.txt ~/app/
[hmaster@master ~]$ ls ~/app/ -l
总用量 20
drwxr-xr-x. 15 hmaster hmaster 4096 3月   6 2019 hadoop-2.6.0-cdh5.7.0
drwxr-xr-x. 31 hmaster hmaster 4096 3月  14 2019 hbase-1.2.0-cdh5.7.0
drwxr-xr-x. 10 hmaster hmaster 4096 3月  24 2016 hive-1.1.0-cdh5.7.0
drwxr-xr-x.  7 hmaster hmaster 4096 12月 16 2018 jdk1.8.0_201
-rw-rw-r--.  1 hmaster hmaster    0 3月  20 16:16 tmpbaktwo.txt
drwxr-xr-x. 16 hmaster hmaster 4096 3月  14 2019 zookeeper-3.4.5-cdh5.7.0
```

图 2-13

2.3.10 查看内容命令

语法：cat [选项] 文件内容

选项：

- -n：显示行号。

作用：查看内容。

命令如下，效果如图 2-14 所示。

```
[hmaster@master ~]$ cat -n /etc/profile
```

```
[hmaster@master ~]$ cat -n /etc/profile
     1	# /etc/profile
     2	
     3	# System wide environment and startup programs, for login setup
     4	# Functions and aliases go in /etc/bashrc
     5	
     6	# It's NOT a good idea to change this file unless you know what you
     7	# are doing. It's much better to create a custom.sh shell script in
     8	# /etc/profile.d/ to make custom changes to your environment, as this
     9	# will prevent the need for merging in future updates.
    10	
    11	pathmunge () {
    12	    case ":${PATH}:" in
    13	        *:"$1":*)
    14	            ;;
    15	        *)
    16	            if [ "$2" = "after" ] ; then
    17	                PATH=$PATH:$1
    18	            else
    19	                PATH=$1:$PATH
    20	            fi
    21	    esac
    22	}
```

图 2-14

2.3.11 分屏显示文件内容命令

语法：more 文件名 | less 文件名

作用：分屏显示文件内容。

注意：

more 命令是一次性将文件内容都加载进内存。

less 命令是根据需要加载内容，对于显示大型文件效率很高。

选项：

空白键(space)：表示向下翻一页。

Enter：向下翻一行。

q：离开 more，不再显示文件内容。

b：向上翻一页。

2.3.12 输出重定向命令

语法：

- >表示会覆盖原有内容
- >>表示直接在末尾追加内容

作用：输出重定向。

命令如下，效果如图 2-15 所示。

```
[hmaster@master ~]$ ls
[hmaster@master ~]$ ls -l >>tmp.txt
[hmaster@master ~]$ cat tmp.txt
```

```
[hmaster@master ~]$ ls
app  data  lib  maven-resp  shell  software  tmp.txt  公共的  模板  视频  图片  文档  下载  音乐  桌面
[hmaster@master ~]$ ls -l >> tmp.txt
[hmaster@master ~]$ cat tmp.txt
总用量 56
drwxrwxr-x. 7 hmaster hmaster 4096 3月  20 16:18 app
drwxrwxr-x. 3 hmaster hmaster 4096 3月   6 2019 data
drwxrwxr-x. 2 hmaster hmaster 4096 3月   6 2019 lib
drwxrwxr-x. 2 hmaster hmaster 4096 3月   6 2019 maven-resp
drwxrwxr-x. 2 hmaster hmaster 4096 3月   6 2019 shell
drwxrwxr-x. 2 hmaster hmaster 4096 3月  14 2019 software
-rw-rw-r--. 1 hmaster hmaster    0 3月  20 16:14 tmp.txt
drwxr-xr-x. 2 hmaster hmaster 4096 1月  28 2019 公共的
drwxr-xr-x. 2 hmaster hmaster 4096 1月  28 2019 模板
drwxr-xr-x. 2 hmaster hmaster 4096 1月  28 2019 视频
drwxr-xr-x. 2 hmaster hmaster 4096 1月  28 2019 图片
drwxr-xr-x. 2 hmaster hmaster 4096 1月  28 2019 文档
drwxr-xr-x. 2 hmaster hmaster 4096 1月  28 2019 下载
drwxr-xr-x. 2 hmaster hmaster 4096 1月  28 2019 音乐
drwxr-xr-x. 2 hmaster hmaster 4096 1月  28 2019 桌面
```

图 2-15

2.3.13　输出内容到控制台命令

语法：echo 输出内容

作用：输出内容到控制台。

注意：

输出内容可以是字符串、数字等，也可以是环境变量(如$PATH)。

命令如下，效果如图 2-16 所示。

```
[hmaster@master ~]$ echo hello
hello
[hmaster@master ~]$ echo $JAVA_HOME
/home/hmaster/app/jdk1.8.0_201
```

```
[hmaster@master ~]$ echo hello
hello
[hmaster@master ~]$ echo $JAVA_HOME
/home/hmaster/app/jdk1.8.0_201
```

图 2-16

2.3.14　软链接命令

该命令类似于 Windows 系统中的快捷方式。

语法：ln -s 文件或目录 软链接名

作用：创建软链接。

命令如下，效果如图 2-17 所示。

```
[hmaster@master ~]$ ln -s tmp.txt t
[hmaster@master ~]$ cat t
```

```
[hmaster@master ~]$ ln -s tmp.txt  t
[hmaster@master ~]$ cat t
总用量 56
drwxrwxr-x. 7 hmaster hmaster 4096 3月  20 16:18 app
drwxrwxr-x. 3 hmaster hmaster 4096 3月   6 2019 data
drwxrwxr-x. 2 hmaster hmaster 4096 3月   6 2019 lib
drwxrwxr-x. 2 hmaster hmaster 4096 3月   6 2019 maven-resp
drwxrwxr-x. 2 hmaster hmaster 4096 3月   6 2019 shell
drwxrwxr-x. 2 hmaster hmaster 4096 3月  14 2019 software
-rw-rw-r--. 1 hmaster hmaster    0 3月  20 16:14 tmp.txt
drwxr-xr-x. 2 hmaster hmaster 4096 1月  28 2019 公共的
drwxr-xr-x. 2 hmaster hmaster 4096 1月  28 2019 模板
drwxr-xr-x. 2 hmaster hmaster 4096 1月  28 2019 视频
drwxr-xr-x. 2 hmaster hmaster 4096 1月  28 2019 图片
drwxr-xr-x. 2 hmaster hmaster 4096 1月  28 2019 文档
drwxr-xr-x. 2 hmaster hmaster 4096 1月  28 2019 下载
drwxr-xr-x. 2 hmaster hmaster 4096 1月  28 2019 音乐
drwxr-xr-x. 2 hmaster hmaster 4096 1月  28 2019 桌面
```

图 2-17

2.3.15　查看历史执行命令

语法：history [数字]

选项：

- 10：显示最近使用过的若干(所给数字)个历史命令。

作用：查看历史执行的命令。

注意：

如果不写数字，默认显示所有历史执行过的命令，可以通过!命令编号来执行历史执行命令。

命令如下，效果如图 2-18 所示。

```
[hmaster@master ~]$ history 10
```

```
[hmaster@master ~]$ history 10
  605  echo tmp.txt
  606  clear
  607  echo hello
  608  echo $JAVA_HOME
  609  ls
  610  ln -s tmp.txt  t
  611  cat t
  612  clear
  613  history
  614  history 10
```

图 2-18

2.3.16 显示当前时间命令

语法：date [选项] [+format]

选项：

- -s 日期和时间：设置系统的日期和时间。

format 参数：

- +Y：年
- +m：月
- +d：日
- +H：小时(24 小时制)
- +M：分
- +S：秒

作用：显示当前时间。

命令如下，效果如图 2-19 所示。

```
[hmaster@master ~]$ date
[hmaster@master ~]$ date "+%Y-%m-%d"
```

```
[hmaster@master ~]$ date
2020年 03月 20日 星期五 16:30:15 CST
[hmaster@master ~]$ date "+%Y-%m-%d"
2020-03-20
```

图 2-19

2.3.17 查看日历命令

语法：cal [选项]

选项：

- 2022：显示 2022 年的日历。

作用：查看日历。

注意：

默认情况下，是当月的日历。

分别显示当年及 2018 年的日历，命令如下。

```
[hmaster@master ~]$ cal
[hmaster@master ~]$ cal 2018
```

效果如图 2-20 所示。

```
[hmaster@master ~]$ cal
      三月 2022
日 一 二 三 四 五 六
 1  2  3  4  5  6  7
 8  9 10 11 12 13 14
15 16 17 18 19 20 21
22 23 24 25 26 27 28
29 30 31

[hmaster@master ~]$ cal 2018
                               2018

        一月                   二月                   三月
日 一 二 三 四 五 六   日 一 二 三 四 五 六   日 一 二 三 四 五 六
    1  2  3  4  5  6                1  2  3                1  2  3
 7  8  9 10 11 12 13    4  5  6  7  8  9 10    4  5  6  7  8  9 10
14 15 16 17 18 19 20   11 12 13 14 15 16 17   11 12 13 14 15 16 17
21 22 23 24 25 26 27   18 19 20 21 22 23 24   18 19 20 21 22 23 24
28 29 30 31            25 26 27 28            25 26 27 28 29 30 31
```

图 2-20

2.3.18　tar 文件解压命令

语法：

- tar -zcvf xxx.tar.gz 要压缩的文件或目录：表示压缩文件或目录
- tar -zxvf xxx.tar.gz [-C 要解压的路径]：表示解压文件

作用：压缩/解压 tar 文件。

命令如下，效果如图 2-21 所示。

```
[hmaster@master ~]$ tar -zcvf t.tar.gz tmp.txt
[hmaster@master ~]$ ls
[hmaster@master ~]$ tar -zxvf t.tar.gz
[hmaster@master ~]$ ls
```

```
[hmaster@master ~]$ tar -zcvf t.tar.gz tmp.txt
tmp.txt
[hmaster@master ~]$ ls
app  data  lib  maven-resp  shell  software  t  tmp.txt  t.tar.gz  公共的  模板  视频  图片  文档  下载  音乐  桌面
[hmaster@master ~]$ tar -zxvf t.tar.gz
tmp.txt
[hmaster@master ~]$ ls
app  data  lib  maven-resp  shell  software  t  tmp.txt  t.tar.gz  公共的  模板  视频  图片  文档  下载  音乐  桌面
```

图 2-21

2.3.19　在指定的目录下查找命令

语法：find [搜索范围] [选项]

选项：

- -name xx：按照指定的名字查找匹配的文件。
- -user xxx：按照属于指定用户名的范围查找匹配的文件。
- -size 大小：按照文件大小查找匹配的文件。如+20M(大于 20MB)，-20M(小于 20MB)，20M(等于 20MB)。常用单位：K，M，G。

作用：在指定的目录下查找。

命令如下：

```
[hmaster@master ~]$ find ~ tmp.txt
```

2.3.20 全局查找命令

语法：locate 文件名

作用：全局查找。

注意：

执行此命令之前，需要先执行 updatedb 命令。

命令如下，效果如图 2-22 所示。

```
[hmaster@master ~]$ sudo updatedb
[hmaster@master ~]$ locate tmp.txt
```

```
[hmaster@master ~]$ sudo updatedb
[hmaster@master ~]$ locate tmp.txt
/home/hmaster/tmp.txt
/usr/share/doc/vte-0.25.1/utmpwtmp.txt
```

图 2-22

2.3.21 在文本中查找命令

语法：grep [选项] 要搜索的文本内容 文本

选项：

- -n：显示行号。
- -i：忽略大小写。

作用：在文本中查找。

注意：

在文本中查找，一般和“|”一起使用。

命令如下，效果如图 2-23 所示。

```
[hmaster@master ~]$ grep -i 's' ~/tmp.txt
```

```
[hmaster@master ~]$ grep -i 's' ~/tmp.txt
drwxrwxr-x. 7 hmaster hmaster 4096 3月  20 16:18 app
drwxrwxr-x. 3 hmaster hmaster 4096 3月   6 2019 data
drwxrwxr-x. 2 hmaster hmaster 4096 3月   6 2019 lib
drwxrwxr-x. 2 hmaster hmaster 4096 3月   6 2019 maven-resp
drwxrwxr-x. 2 hmaster hmaster 4096 3月   6 2019 shell
drwxrwxr-x. 2 hmaster hmaster 4096 3月  14 2019 software
-rw-rw-r--. 1 hmaster hmaster    0 3月  20 16:14 tmp.txt
drwxr-xr-x. 2 hmaster hmaster 4096 1月  28 2019 公共的
drwxr-xr-x. 2 hmaster hmaster 4096 1月  28 2019 模板
drwxr-xr-x. 2 hmaster hmaster 4096 1月  28 2019 视频
drwxr-xr-x. 2 hmaster hmaster 4096 1月  28 2019 图片
drwxr-xr-x. 2 hmaster hmaster 4096 1月  28 2019 文档
drwxr-xr-x. 2 hmaster hmaster 4096 1月  28 2019 下载
drwxr-xr-x. 2 hmaster hmaster 4096 1月  28 2019 音乐
drwxr-xr-x. 2 hmaster hmaster 4096 1月  28 2019 桌面
```

图 2-23

命令如下，效果如图 2-24 所示。

```
[hmaster@master ~]$ ps -ef  | grep -in java
```

```
[hmaster@master ~]$ ps -ef | grep -in java
120:hmaster   6634  2648  0 17:11 pts/0    00:00:00 grep -in java
```

图 2-24

2.4 Linux 用户管理

Linux 是一个多用户、多任务的操作系统。什么是多用户和多任务呢？就是说登录 Linux 系统后，可以同时开启多个服务任务和进程，而各种服务相互不会影响。例如，在 Linux 下可以同时开启 Hadoop 的服务和 FTP 服务。有时候也可能是多个用户同时用同一个系统。如公司有多个运维人员，每台机器都可以被若干个运维人员登录部署或解决相关故障问题。这就是多用户、多任务的概念。

在 Linux 中用户管理分为用户(u)、所属组(g)和其他人(o)。

在 Linux 中用户必须至少属于一个所属组，默认情况下，创建用户的时候，如果不给用户指定所属组以及家目录，系统会给用户创建同名的所属组和家目录。

2.4.1　添加用户命令

语法：useradd 用户名

作用：添加用户。

命令如下，效果如图 2-25 所示。

```
[root@master hmaster ]# useradd ww22002
```

```
[root@master hmaster]# useradd ww22002
[root@master hmaster]#
```

图 2-25

2.4.2 创建用户组命令

语法：groupadd 用户组名

作用：创建用户组。

命令如下，效果如图 2-26 所示。

```
[root@master hmaster ]# groupadd develop
```

```
[root@master hmaster]# groupadd develop
[root@master hmaster]#
```

图 2-26

2.4.3 添加用户并指定所属组命令

语法：useradd -g 所属组名 用户名

作用：添加用户并指定所属组。

命令如下，效果如图 2-27 所示。

```
[root@master hmaster ]# useradd -g develop zhangsan
```

```
[root@master hmaster]# useradd -g develop zhangsan
[root@master hmaster]#
```

图 2-27

2.4.4 修改用户所属组命令

语法：usermod -g 用户组 用户

作用：修改用户所属组。

命令如下，效果如图 2-28 所示。

```
[root@master hmaster ]# id ww22002
[root@master hmaster ]# usermod -g develop01 ww22002
[root@master hmaster ]# id ww22002
```

```
[root@master hmaster]# id ww22002
uid=501(ww22002) gid=501(ww22002) 组=501(ww22002)
[root@master hmaster]# usermod -g develop01 ww22002
[root@master hmaster]# id ww22002
uid=501(ww22002) gid=503(develop01) 组=503(develop01)
```

图 2-28

2.4.5　删除用户命令

语法：userdel 用户名

作用：删除用户。

命令如下，效果如图 2-29 所示。

```
[root@master hmaster ]# userdel zhangsan
```

```
[root@master hmaster]# userdel zhangsan
```

图 2-29

2.4.6　删除用户组命令

语法：groupdel 用户组名

作用：删除用户组。

命令如下：

```
[root@master hmaster ]# groupdel develop
```

2.4.7　设置用户密码命令

语法：passwd 用户名

作用：设置用户密码。

命令如下，效果如图 2-30 所示。

```
[root@master hmaster ]# passwd ww22002
```

```
[root@master hmaster]# passwd ww22002
更改用户 ww22002 的密码 。
新的 密码:
重新输入新的 密码:
passwd: 所有的身份验证令牌已经成功更新。
```

图 2-30

2.4.8　查看用户信息命令

语法：id 用户名

作用：查看用户信息。

命令如下，效果如图 2-31 所示。

```
[root@master hmaster ]# id ww22002
```

```
[root@master hmaster]# id ww22002
uid=501(ww22002) gid=503(develop01) 组=503(develop01)
```

图 2-31

2.4.9 切换用户命令

语法：

- su 用户名
- su-用户名

作用：

- su 用户名：切换用户，获取用户的执行权限，但是不能获取环境变量。
- su-用户名：切换用户，获取用户的执行权限，并获取环境变量。

作用：切换用户。

注意：

高权限用户切换到低权限用户的时候不需要密码(登录的时候，谁的权限大，谁就是高权限用户)，反之需要。如果要切换回去，输入 exit 命令即可。

命令如下，效果如图 2-32 所示。

```
[root@master hmaster ]# su ww22002
[ww22002@master hmaster ]$ su exit
exit
[root@master hmaster ]# su hmaster
[hmaster@master ~ ]$ su ww22002
```

```
[root@master hmaster]# su ww22002
[ww22002@master hmaster]$ exit
exit
[root@master hmaster]# su hmaster
[hmaster@master ~]$ su ww22002
密码：
su: 密码不正确
[hmaster@master ~]$ su ww22002
密码：
[ww22002@master hmaster]$ exit
exit
[hmaster@master ~]$
```

图 2-32

2.4.10 查看登录用户信息命令

语法：who am i (whoami)

作用：查看登录用户信息。

命令如下，效果如图 2-33 所示。

```
[hmaster@master ~ ]$ who am i
[hmaster@master ~ ]$ su root
[root@master hmaster ]# whoami
```

```
[hmaster@master ~]$ who am i
hmaster  pts/1        2020-03-21 10:22 (192.168.137.1)
[hmaster@master ~]$ su root
密码：
[root@master hmaster]# whoami
root
```

图 2-33

2.4.11　用户、用户组的相关文件

语法：

- /etc/passwd
- /etc/shadow
- /etc/group

作用：

- /etc/passwd：用户的配置文件，记录用户的各种信息。
- /etc/shadow：密码的配置文件。
- /etc/group：用户组的配置文件。

命令如下，效果如图 2-34 所示。

```
[root@master hmaster ]# cat /etc/passwd
```

```
[root@master hmaster]# cat /etc/passwd
root:x:0:0:root:/root:/bin/bash
bin:x:1:1:bin:/bin:/sbin/nologin
daemon:x:2:2:daemon:/sbin:/sbin/nologin
adm:x:3:4:adm:/var/adm:/sbin/nologin
lp:x:4:7:lp:/var/spool/lpd:/sbin/nologin

hmaster:x:500:500::/home/hmaster:/bin/bash
vboxadd:x:496:1::/var/run/vboxadd:/bin/false
mysql:x:27:27:MySQL Server:/var/lib/mysql:/bin/bash
ww22002:x:501:503::/home/ww22002:/bin/bash
```

图 2-34

命令如下，效果如图 2-35 所示。

```
[root@master hmaster ]# cat /etc/group
```

```
[root@master hmaster]# cat /etc/group
root:x:0:
bin:x:1:bin,daemon
daemon:x:2:bin,daemon
sys:x:3:bin,adm
adm:x:4:adm,daemon
tty:x:5:
        develop:x:502:
        develop01:x:503:
```

图 2-35

2.5 Linux 组和权限管理

上一节我们学习了用户和组的概念，一般情况下，创建用户的时候，系统默认会给当前用户创建一个同名的用户组，在/home 目录下创建一个同名的文件夹。在使用某个用户身份登录 Linux 后，若该用户创建了文件或者目录，该用户就是这个文件或者用户的所有者。

2.5.1 Linux 中的权限

在 Linux 中，一切皆文件，而对于文件或者目录来说，权限的概念很重要，权限能够帮助我们更安全有效地管理文件或者目录。

使用命令如下，效果如图 2-36 所示。

```
[hmaster@master ~ ]$  ls -l
```

```
[hmaster@master ~]$ ls -l
总用量 64
drwxrwxr-x. 7 hmaster hmaster 4096 3月  20 16:18 app
drwxrwxr-x. 3 hmaster hmaster 4096 3月   6 2019 data
-rw-rw-r--. 1 hmaster hmaster    0 3月  23 14:55 hello.java
drwxrwxr-x. 2 hmaster hmaster 4096 3月   6 2019 lib
drwxrwxr-x. 2 hmaster hmaster 4096 3月   6 2019 maven-resp
drwxrwxr-x. 2 hmaster hmaster 4096 3月   6 2019 shell
drwxrwxr-x. 2 hmaster hmaster 4096 3月  14 2019 software
lrwxrwxrwx. 1 hmaster hmaster    7 3月  20 16:28 t -> tmp.txt
-rw-rw-r--. 1 hmaster hmaster  856 3月  20 16:24 tmp.txt
-rw-rw-r--. 1 hmaster hmaster  338 3月  20 16:34 t.tar.gz
drwxr-xr-x. 2 hmaster hmaster 4096 1月  28 2019 公共的
drwxr-xr-x. 2 hmaster hmaster 4096 1月  28 2019 模板
drwxr-xr-x. 2 hmaster hmaster 4096 1月  28 2019 视频
drwxr-xr-x. 2 hmaster hmaster 4096 1月  28 2019 图片
drwxr-xr-x. 2 hmaster hmaster 4096 1月  28 2019 文档
drwxr-xr-x. 2 hmaster hmaster 4096 1月  28 2019 下载
drwxr-xr-x. 2 hmaster hmaster 4096 1月  28 2019 音乐
drwxr-xr-x. 2 hmaster hmaster 4096 1月  28 2019 桌面
```

图 2-36

可以发现，tmp.txt 是 hmaster 用户所持有的。

我们来看一下目录中某一个文件或者目录显示的完整信息，如图 2-37 所示。

```
drwxrwxr-x. 7 hmaster hmaster 4096 3月  20 16:18 app
drwxrwxr-x. 3 hmaster hmaster 4096 3月   6 2019 data
-rw-rw-r--. 1 hmaster hmaster    0 3月  23 14:55 hello.java
drwxrwxr-x. 2 hmaster hmaster 4096 3月   6 2019 lib
drwxrwxr-x. 2 hmaster hmaster 4096 3月   6 2019 maven-resp
drwxrwxr-x. 2 hmaster hmaster 4096 3月   6 2019 shell
drwxrwxr-x. 2 hmaster hmaster 4096 3月  14 2019 software
```

图 2-37

- drwxrwxr-x：表示权限，共 10 位。
  - ✓ 第 0 位：表示文件类型，“-”是普通文件，“d”是目录，“l”是链接。
  - ✓ 第 1~3 位：表示所有者的权限。
  - ✓ 第 4~6 位：表示所属组的权限。
  - ✓ 第 7~9 位：表示其他人的权限。

而我们看到的字母则表示：

- rwx 到文件：
  - ✓ r：代表可读，可查看。
  - ✓ w：代表可写，但是不代表可以被删除，删除的前提是其上级目录是 w 权限，只有这样才可删除该文件。
  - ✓ x：代表可执行，即文件可以被执行。
- rwx 到目录：
  - ✓ r：代表可读，可查看。
  - ✓ w：代表可写，可以在目录内创建、删除、重命名目录。
  - ✓ x：代表可执行，表示可以进入该目录。
- 7：如果是文件，表示硬连接；如果是目录，表示其下有多少个子目录。
- hmaster：表示该文件或者目录所属的用户。
- hmaster：表示该文件或者目录所属的组。
- 4096：如果是文件，表示文件大小；如果是目录，统一显示 4096。
- 3 月 6 2019：指文件修改时间。
- data：指文件或者目录的名称。

2.5.2　修改文件/目录的所有者命令

语法：chown 用户名 文件名/目录名

作用：修改文件/目录的所有者。

注意：

如果需要同时修改子目录的所有者，增加-R 参数即可。

命令如下，效果如图 2-38 所示。

```
[hmaster@master ~ ]$ sudo chown ww22002 tmp.txt
[sudo] password for hmaster:
[hmaster@master ~ ]$ ls -l
```

```
[hmaster@master ~]$ sudo chown ww22002 tmp.txt
[sudo] password for hmaster:
[hmaster@master ~]$ ls -l
总用量 64
drwxrwxr-x. 7 hmaster hmaster 4096 3月  20 16:18 app
drwxrwxr-x. 3 hmaster hmaster 4096 3月   6 2019 data
-rw-rw-r--. 1 hmaster hmaster    0 3月  23 14:55 hello.java
drwxrwxr-x. 2 hmaster hmaster 4096 3月   6 2019 lib
drwxrwxr-x. 2 hmaster hmaster 4096 3月   6 2019 maven-resp
drwxrwxr-x. 2 hmaster hmaster 4096 3月   6 2019 shell
drwxrwxr-x. 2 hmaster hmaster 4096 3月  14 2019 software
lrwxrwxrwx. 1 hmaster hmaster    7 3月  20 16:28 t -> tmp.txt
-rw-rw-r--. 1 ww22002 hmaster  856 3月  20 16:24 tmp.txt
-rw-rw-r--. 1 hmaster hmaster  338 3月  20 16:34 t.tar.gz
drwxr-xr-x. 2 hmaster hmaster 4096 1月  28 2019 公共的
drwxr-xr-x. 2 hmaster hmaster 4096 1月  28 2019 模板
drwxr-xr-x. 2 hmaster hmaster 4096 1月  28 2019 视频
drwxr-xr-x. 2 hmaster hmaster 4096 1月  28 2019 图片
drwxr-xr-x. 2 hmaster hmaster 4096 1月  28 2019 文档
drwxr-xr-x. 2 hmaster hmaster 4096 1月  28 2019 下载
drwxr-xr-x. 2 hmaster hmaster 4096 1月  28 2019 音乐
drwxr-xr-x. 2 hmaster hmaster 4096 1月  28 2019 桌面
```

图 2-38

2.5.3 修改文件/目录的所属组命令

语法：chgrp 组名 文件名/目录名

作用：修改文件/目录的所属组。

注意：

如果需要同时修改子目录的所属组，增加-R 参数即可。

命令如下，效果如图 2-39 所示。

```
[hmaster@master ~ ]$ sudo chgrp ww22002 tmp.txt
[hmaster@master ~ ]$ ls -l
```

```
[hmaster@master ~]$ sudo chgrp ww22002 tmp.txt
[hmaster@master ~]$ ls -l
总用量 64
drwxrwxr-x. 7 hmaster hmaster 4096 3月  20 16:18 app
drwxrwxr-x. 3 hmaster hmaster 4096 3月   6 2019 data
-rw-rw-r--. 1 hmaster hmaster    0 3月  23 14:55 hello.java
drwxrwxr-x. 2 hmaster hmaster 4096 3月   6 2019 lib
drwxrwxr-x. 2 hmaster hmaster 4096 3月   6 2019 maven-resp
drwxrwxr-x. 2 hmaster hmaster 4096 3月   6 2019 shell
drwxrwxr-x. 2 hmaster hmaster 4096 3月  14 2019 software
lrwxrwxrwx. 1 hmaster hmaster    7 3月  20 16:28 t -> tmp.txt
-rw-rw-r--. 1 ww22002 ww22002  856 3月  20 16:24 tmp.txt
-rw-rw-r--. 1 hmaster hmaster  338 3月  20 16:34 t.tar.gz
drwxr-xr-x. 2 hmaster hmaster 4096 1月  28 2019 公共的
drwxr-xr-x. 2 hmaster hmaster 4096 1月  28 2019 模板
drwxr-xr-x. 2 hmaster hmaster 4096 1月  28 2019 视频
drwxr-xr-x. 2 hmaster hmaster 4096 1月  28 2019 图片
drwxr-xr-x. 2 hmaster hmaster 4096 1月  28 2019 文档
drwxr-xr-x. 2 hmaster hmaster 4096 1月  28 2019 下载
drwxr-xr-x. 2 hmaster hmaster 4096 1月  28 2019 音乐
drwxr-xr-x. 2 hmaster hmaster 4096 1月  28 2019 桌面
```

图 2-39

2.5.4 修改文件所有者和所属组命令

语法：chown 用户名：组名 文件/目录

作用：修改文件所有者和所属组。

注意：

如果需要同时修改子目录的所属组，增加-R 参数即可。

命令如下，效果如图 2-40 所示。

```
[hmaster@master ~ ]$ sudo chown hmaster：hmaster tmp.txt
[hmaster@master ~ ]$ ls -l
```

```
[hmaster@master ~]$ sudo chown hmaster:hmaster tmp.txt
[hmaster@master ~]$ ls -l
总用量 64
drwxrwxr-x. 7 hmaster hmaster 4096 3月  20 16:18 app
drwxrwxr-x. 3 hmaster hmaster 4096 3月   6 2019 data
-rw-rw-r--. 1 hmaster hmaster    0 3月  23 14:55 hello.java
drwxrwxr-x. 2 hmaster hmaster 4096 3月   6 2019 lib
drwxrwxr-x. 2 hmaster hmaster 4096 3月   6 2019 maven-resp
drwxrwxr-x. 2 hmaster hmaster 4096 3月   6 2019 shell
drwxrwxr-x. 2 hmaster hmaster 4096 3月  14 2019 software
lrwxrwxrwx. 1 hmaster hmaster    7 3月  20 16:28 t -> tmp.txt
-rw-rw-r--. 1 hmaster hmaster  856 3月  20 16:24 tmp.txt
-rw-rw-r--. 1 hmaster hmaster  338 3月  20 16:34 t.tar.gz
drwxr-xr-x. 2 hmaster hmaster 4096 1月  28 2019 公共的
drwxr-xr-x. 2 hmaster hmaster 4096 1月  28 2019 模板
drwxr-xr-x. 2 hmaster hmaster 4096 1月  28 2019 视频
drwxr-xr-x. 2 hmaster hmaster 4096 1月  28 2019 图片
drwxr-xr-x. 2 hmaster hmaster 4096 1月  28 2019 文档
drwxr-xr-x. 2 hmaster hmaster 4096 1月  28 2019 下载
drwxr-xr-x. 2 hmaster hmaster 4096 1月  28 2019 音乐
drwxr-xr-x. 2 hmaster hmaster 4096 1月  28 2019 桌面
```

图 2-40

2.5.5 修改权限命令

(1) 语法：chmod [选项] [{ugoa}{+-=}{rwx}] 文件或目录

选项：

-r：表示递归。

作用：修改权限。

注意：

u 表示所有者，g 表示所属组，o 表示其他人，a 表示所有人。

命令如下，效果如图 2-41 所示。

```
[hmaster@master ~ ]$ sudo chmod a+x tmp.txt
[sudo] password for hmaster:
[hmaster@master ~ ]$ ls -l
```

```
-rw-rw-r--. 1 hmaster hmaster  856 3月  20 16:24 tmp.txt

[hmaster@master ~]$ sudo chmod a+x tmp.txt
[sudo] password for hmaster:
[hmaster@master ~]$ ls -l
总用量 64
drwxrwxr-x. 7 hmaster hmaster 4096 3月  20 16:18 app
drwxrwxr-x. 3 hmaster hmaster 4096 3月   6 2019 data
-rw-rw-r--. 1 hmaster hmaster    0 3月  23 14:55 hello.java
drwxrwxr-x. 2 hmaster hmaster 4096 3月   6 2019 lib
drwxrwxr-x. 2 hmaster hmaster 4096 3月   6 2019 maven-resp
drwxrwxr-x. 2 hmaster hmaster 4096 3月   6 2019 shell
drwxrwxr-x. 2 hmaster hmaster 4096 3月  14 2019 software
lrwxrwxrwx. 1 hmaster hmaster    7 3月  20 16:28 t -> tmp.txt
-rwxrwxr-x. 1 hmaster hmaster  856 3月  20 16:24 tmp.txt
-rw-rw-r--. 1 hmaster hmaster  338 3月  20 16:34 t.tar.gz
drwxr-xr-x. 2 hmaster hmaster 4096 1月  28 2019 公共的
drwxr-xr-x. 2 hmaster hmaster 4096 1月  28 2019 模板
drwxr-xr-x. 2 hmaster hmaster 4096 1月  28 2019 视频
drwxr-xr-x. 2 hmaster hmaster 4096 1月  28 2019 图片
```

图 2-41

(2) 语法：chmod [mode=421] 文件或目录

作用：修改权限。

命令如下，效果如图 2-42 所示。

```
[hmaster@master ~ ]$ sudo chmod 557 tmp.txt
[hmaster@master ~ ]$ ls -l
```

```
[hmaster@master ~]$ sudo chmod 557 tmp.txt
[hmaster@master ~]$ ls -l
总用量 64
drwxrwxr-x. 7 hmaster hmaster 4096 3月  20 16:18 app
drwxrwxr-x. 3 hmaster hmaster 4096 3月   6 2019 data
-rw-rw-r--. 1 hmaster hmaster    0 3月  23 14:55 hello.java
drwxrwxr-x. 2 hmaster hmaster 4096 3月   6 2019 lib
drwxrwxr-x. 2 hmaster hmaster 4096 3月   6 2019 maven-resp
drwxrwxr-x. 2 hmaster hmaster 4096 3月   6 2019 shell
drwxrwxr-x. 2 hmaster hmaster 4096 3月  14 2019 software
lrwxrwxrwx. 1 hmaster hmaster    7 3月  20 16:28 t -> tmp.txt
-r-xr-xrwx. 1 hmaster hmaster  856 3月  20 16:24 tmp.txt
-rw-rw-r--. 1 hmaster hmaster  338 3月  20 16:34 t.tar.gz
drwxr-xr-x. 2 hmaster hmaster 4096 1月  28 2019 公共的
drwxr-xr-x. 2 hmaster hmaster 4096 1月  28 2019 模板
drwxr-xr-x. 2 hmaster hmaster 4096 1月  28 2019 视频
drwxr-xr-x. 2 hmaster hmaster 4096 1月  28 2019 图片
drwxr-xr-x. 2 hmaster hmaster 4096 1月  28 2019 文档
drwxr-xr-x. 2 hmaster hmaster 4096 1月  28 2019 下载
drwxr-xr-x. 2 hmaster hmaster 4096 1月  28 2019 音乐
drwxr-xr-x. 2 hmaster hmaster 4096 1月  28 2019 桌面
```

图 2-42

2.6 Linux 磁盘管理

磁盘管理是操作系统中非常重要的管理环节，Linux 磁盘管理的优劣直接关系到整个系统的性能问题。Linux 的磁盘管理也是 Linux 管理员的必备技能。

Linux 磁盘管理常用的 3 个命令为 df、du 和 fdisk。

- df：列出文件系统的整体磁盘使用量。
- du：检查磁盘空间使用量。
- fdisk：用于磁盘分区。

2.6.1 查看系统整体磁盘情况命令

语法：df -h

作用：查看系统整体磁盘情况。

命令如下，效果如图 2-43 所示。

```
[hmaster@master ~ ]$ df -h
```

```
[hmaster@master sbin]$ df -h
Filesystem            Size  Used Avail Use% Mounted on
/dev/mapper/vg_master-lv_root
                       13G  7.5G  4.6G  63% /
tmpfs                 499M   72K  499M   1% /dev/shm
/dev/sda1             477M   35M  418M   8% /boot
```

图 2-43

2.6.2 查看指定目录的磁盘占用情况命令

语法：du -h 目录

作用：查看指定目录的磁盘占用情况。

命令如下，效果如图 2-44 所示。

```
[hmaster@master sbin ]$ du -h
```

```
[hmaster@master sbin]$ du -h
100K    ./Linux
224K    .
```

图 2-44

注意：

还可以使用 ls -lh 命令查看磁盘文件的使用情况。

命令如下，效果如图 2-45 所示。

```
[hmaster@master sbin ]$ ls -lh
```

```
[hmaster@master sbin]$ ls -lh
总用量 124K
-rwxr-xr-x. 1 hmaster hmaster 2.7K 3月  24 2016 distribute-exclude.sh
-rwxr-xr-x. 1 hmaster hmaster 6.4K 3月  24 2016 hadoop-daemon.sh
-rwxr-xr-x. 1 hmaster hmaster 1.4K 3月  24 2016 hadoop-daemons.sh
-rwxr-xr-x. 1 hmaster hmaster 1.7K 3月  24 2016 hdfs-config.cmd
-rwxr-xr-x. 1 hmaster hmaster 1.4K 3月  24 2016 hdfs-config.sh
-rwxr-xr-x. 1 hmaster hmaster 3.5K 3月  24 2016 httpfs.sh
-rwxr-xr-x. 1 hmaster hmaster 3.3K 3月  24 2016 kms.sh
drwxr-xr-x. 2 hmaster hmaster 4.0K 3月  24 2016 Linux
-rwxr-xr-x. 1 hmaster hmaster 4.0K 3月  24 2016 mr-jobhistory-daemon.sh
-rwxr-xr-x. 1 hmaster hmaster 1.7K 3月  24 2016 refresh-namenodes.sh
-rwxr-xr-x. 1 hmaster hmaster 2.1K 3月  24 2016 slaves.sh
-rwxr-xr-x. 1 hmaster hmaster 1.8K 3月  24 2016 start-all.cmd
-rwxr-xr-x. 1 hmaster hmaster 1.5K 3月  24 2016 start-all.sh
-rwxr-xr-x. 1 hmaster hmaster 1.2K 3月  24 2016 start-balancer.sh
-rwxr-xr-x. 1 hmaster hmaster 1.4K 3月  24 2016 start-dfs.cmd
-rwxr-xr-x. 1 hmaster hmaster 3.7K 3月  24 2016 start-dfs.sh
-rwxr-xr-x. 1 hmaster hmaster 1.4K 3月  24 2016 start-secure-dns.sh
-rwxr-xr-x. 1 hmaster hmaster 1.6K 3月  24 2016 start-yarn.cmd
```

图 2-45

2.7 Linux 网络

大数据操作往往会用多台主机构建集群，而在一个集群中多台主机需要通过网络相互通信，我们知道如果在局域网中一台计算机要和另一台计算机进行通信，需要这两台计算机在同一个网段内。通常情况下，子网掩码是 255.255.255.0，如果 IP 是 192.168.136.100，则网段就是 192.168.136.x，那么另一台计算机的 IP 地址是 192.168.136.x[除去网关、100、

1~254 之间其他数值任意选一个。

2.7.1　修改 IP 地址

在 Linux 中 IP 地址需要到“/etc/sysconfig/network-script/ifcfg-xxx”文件中修改。以下是文件中关于 IP 地址信息的描述，可以通过修改文件内容的方式修改 IP 地址信息。例如，需要指定 IP 地址，可以修改 IPADDR 对应的内容。使用 vi 编辑器修改完相应的信息后，保存并退出文件，重启网络服务器，新的网络配置即可生效。

```
#接口名(设备,网卡)
DEVICE=xxx
#MAC 地址
HWADDR=00:0C:2x:6x:0x:xx
#网络类型(通常是 Ethernet)
TYPE=Ethernet
#随机 id
UUID=926a57ba-92c6-4231-bacb-f27e5e6a9f44
#系统启动的时候网络接口是否有效(yes/no)
ONBOOT=yes
# IP 的配置方法[none|static|bootp|dhcp]
BOOTPROTO=static
#IP 地址
IPADDR=192.168.189.130
#网关
GATEWAY=192.168.189.2
#域名解析器
DNS1=192.168.189.2
#子网掩码
NETMASK=255.255.255.0
```

2.7.2　修改主机名

在通常情况下 IP 地址不便于记忆和书写，所以很多时候通过主机名这种简洁的方式来代替主机 IP，这个时候需要设置主机名和 IP 地址的关系。

具体步骤如下：

(1) 使用 vi 命令，对/etc/hostname 文件进行修改，指定主机名，保存并退出。

(2) 使用 vi 命令，在/etc/hosts 文件中配置主机名和 IP 地址的映射关系，在文件中添加“IP 主机名”的映射关系，保存并退出。

(3) 重启设备。

(4) 通过 echo $HOSTNAME 查看。

2.8 Linux 进程管理

在 Linux 中，每个执行的程序都称为一个进程。每个进程都分配一个 ID 号。每个进程，都会对应一个父进程，而这个父进程可以复制多个子进程。

每个进程都可能以两种方式存在。

- 前台进程：就是用户在目前屏幕上可以进行操作的进程。
- 后台进程：在屏幕上无法看到进程，通常以后台方式执行。

一般系统的服务都以后台进程的方式存在，而且会常驻在系统中，直到关机才结束。

2.8.1 显示系统执行的进程命令

语法：ps –aux

选项：

- -a：显示当前终端的所有进程信息。
- -u：以用户的格式显示进程信息。
- -x：显示后台进程运行的参数。

作用：显示系统执行的进程。

命令如下，效果如图 2-46 所示。

```
[hmaster@master sbin ]$ ps -aux
```

```
[hmaster@master ~]$ ps -aux
Warning: bad syntax, perhaps a bogus '-'? See /usr/share/doc/procps-3.2.8/FAQ
USER       PID %CPU %MEM    VSZ   RSS TTY      STAT START   TIME COMMAND
root         1  0.0  0.0  19352  1544 ?        Ss   11:38   0:01 /sbin/init
root         2  0.0  0.0      0     0 ?        S    11:38   0:00 [kthreadd]
root         3  0.0  0.0      0     0 ?        S    11:38   0:00 [migration/0]
root         4  0.0  0.0      0     0 ?        S    11:38   0:00 [ksoftirqd/0]
root         5  0.0  0.0      0     0 ?        S    11:38   0:00 [stopper/0]
```

图 2-46

相关列的含义如下。

- USER：产生该进程的用户。
- PID：当前进程的进程编号。
- %CPU：当前进程占用 CPU 的百分比。
- %MEM：当前进程占用物理内存的百分比。
- VSZ：当前进程占用的虚拟内存大小，单位为 KB。
- RSS：当前进程占用的物理内存大小，单位为 KB。
- TTY：终端名称缩写。

- STAT：当前进程状态，S 表示睡眠，R 表示执行。
- START：当前进程的启动时间。
- TIME：当前进程使用 CPU 的总时间。
- COMMAND：启动进程所使用的命令参数，如果太长会被自动截掉。

2.8.2　显示子父进程的关系命令

语法：ps -ef

作用：显示子父进程的关系。

命令如下，效果如图 2-47 所示。

```
[hmaster@master ~ ]$ ps -ef
```

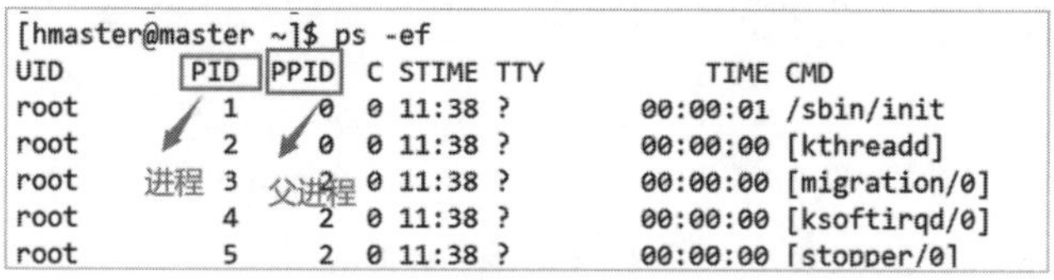

```
[hmaster@master ~]$ ps -ef
UID          PID  PPID  C STIME TTY          TIME CMD
root           1     0  0 11:38 ?        00:00:01 /sbin/init
root           2     0  0 11:38 ?        00:00:00 [kthreadd]
root           3     2  0 11:38 ?        00:00:00 [migration/0]
root           4     2  0 11:38 ?        00:00:00 [ksoftirqd/0]
root           5     2  0 11:38 ?        00:00:00 [stopper/0]
```


图 2-47

2.8.3　终止进程命令

语法：kill -9 pid

作用：根据 pid 终止进程。

命令如下，效果如图 2-48 所示。

```
[hmaster@master ~ ]$ kill -9 3099
```

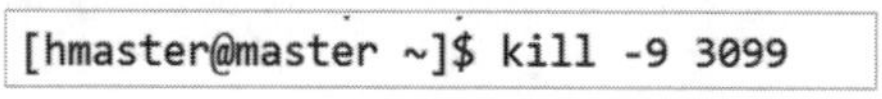

```
[hmaster@master ~]$ kill -9 3099
```

图 2-48

2.9　Linux 服务管理

服务本质上就是进程，在后台运行，通常会监听某个端口，等待其他程序的请求。比如，MySQL 一般是 3306 号端口，而 sshd 一般是 22 号端口。我们称之为守护进程，是 Linux 中非常重要的部分。

Linux 系统中的服务非常多，以下总结了一些在大数据操作中经常遇到的服务的管理。

在 CentOS7.x 中服务的操作方式为：

```
systemctl 服务名 start|stop|restart|reload|status...
```

- start：启动服务。
- stop：停止服务。
- restart：重启服务。
- status：查看服务状态。

接下来介绍防火墙服务。

查看防火墙服务状态，使用命令如下，效果如图2-49所示。

```
systemctl status firewalld
```

```
[hadoop@master ~]$ systemctl status firewalld
● firewalld.service - firewalld - dynamic firewall daemon
   Loaded: loaded (/usr/lib/systemd/system/firewalld.service; disabled
; vendor preset: enabled)
   Active: inactive (dead)
     Docs: man:firewalld(1)
```

图2-49

停止防火墙服务，使用命令如下，效果如图2-50所示。

```
systemctl stop firewalld
```

```
[hadoop@master ~]$ systemctl stop firewalld
==== AUTHENTICATING FOR org.freedesktop.systemd1.manage-units ===
Authentication is required to manage system services or units.
Authenticating as: root
Password:
==== AUTHENTICATION COMPLETE ===
```

图2-50

关闭开机启动防火墙，使用命令如下，效果如图2-51所示。

```
systemctl disable firewalld
```

```
[hadoop@master ~]$ systemctl disable firewalld
==== AUTHENTICATING FOR org.freedesktop.systemd1.manage-unit-files ===
Authentication is required to manage system service or unit files.
Authenticating as: root
Password:
==== AUTHENTICATION COMPLETE ===
==== AUTHENTICATING FOR org.freedesktop.systemd1.reload-daemon ===
Authentication is required to reload the systemd state.
Authenticating as: root
Password:
==== AUTHENTICATION COMPLETE ===
```

图2-51

2.10 Linux RPM 和 YUM

经常使用 Windows 系统的人都知道，操作系统上运行的许多软件都需要下载安装，比如：Office、各种游戏等。同样，Linux 操作系统中也需要对软件进行下载和安装。对软件进行下载和安装的命令是 RPM 和 YUM。

RPM 命令是 RPM 软件包的管理工具。RPM 原本是 Red Hat Linux 发行版专门用来管理 Linux 各项套件的程序，由于它遵循 GPL 规则且功能强大、方便，因而广受欢迎，逐渐被其他发行版采用。RPM 套件管理方式的出现，让 Linux 易于安装和升级，间接提升了 Linux 的适用度。

YUM(全称为 Yellow dog Updater, Modified)是在 Fedora 和 RedHat 以及 SUSE 中的一个 Shell 前端软件包管理器。基于 RPM 包管理，系统能够从指定的服务器自动下载 RPM 包并且安装，可以自动处理依赖性关系，并且一次安装所有依赖的软件包，无须繁琐地一次次下载、安装。YUM 提供了查找、安装、删除某个、某组甚至全部软件包的命令，而且命令简洁、好记。

2.10.1 RPM 相关命令

(1) 查看已安装的 RPM 列表

语法：rpm -qa | grep -i xxx

作用：使用 RPM 命令查看已安装的软件列表。

命令如下，效果如图 2-52 所示。

```
[hmaster@master ~ ]$ rpm -qa | grep -i mysql
```

```
[hmaster@master ~]$ rpm -qa | grep -i mysql
mysql-community-common-5.6.47-2.el6.x86_64
mysql-community-server-5.6.47-2.el6.x86_64
mysql-community-client-5.6.47-2.el6.x86_64
mysql-community-release-el6-5.noarch
mysql-community-libs-5.6.47-2.el6.x86_64
```

图 2-52

(2) 卸载 RPM 包

语法：rpm -e rpm 包名 --nodeps

作用：使用 RPM 命令卸载已经安装的软件。

(3) 安装 RPM 包

语法：rpm -ivh rpm 包名

作用：使用 RPM 命令安装软件。

2.10.2 YUM 相关命令

(1) 查看已安装的软件

语法：yum list | grep xxx

作用：使用 YUM 命令查看已安装的软件。

(2) 安装 RPM 包

语法：yum -y install rpm 包

作用：使用 YUM 命令安装软件。

(3) 删除安装的 RPM 包

语法：yum remove rpm 包

作用：使用 YUM 命令删除软件。

(4) 清除 YUM 缓存

语法：yum clean all

作用：使用 YUM 命令清除 YUM 缓存。

(5) 更新缓存

语法：yum make cache

作用：使用 YUM 命令更新 YUM 缓存。

YUM 会自动从网络下载软件进行安装，但有时网站无法打开，这时候就需要将 yum 的数据链接换成国内的地址。

在 http://mirrors.163.com/.help/centos.html 中下载对应的 CentOS 的 YUM 源文件，如图 2-53 所示。

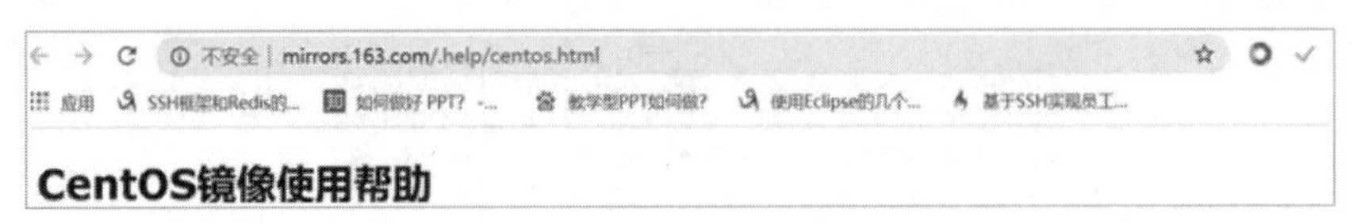

图 2-53

按照网站说明进行 YUM 源的替换，如图 2-54 所示。

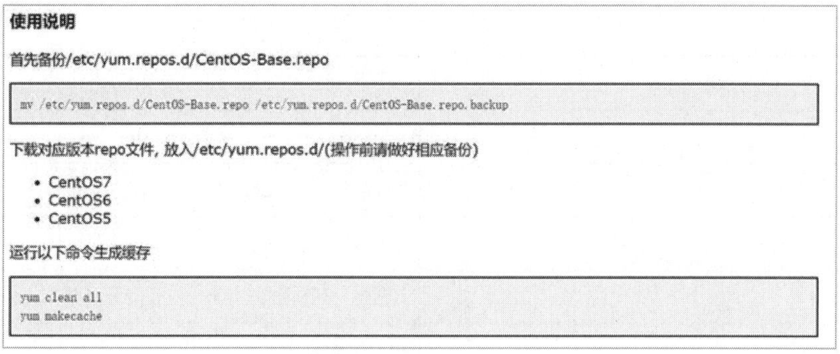

使用说明

首先备份/etc/yum.repos.d/CentOS-Base.repo

```
mv /etc/yum.repos.d/CentOS-Base.repo /etc/yum.repos.d/CentOS-Base.repo.backup
```

下载对应版本repo文件，放入/etc/yum.repos.d/(操作前请做好相应备份)

- CentOS7
- CentOS6
- CentOS5

运行以下命令生成缓存

```
yum clean all
yum makecache
```

图 2-54

2.11 Linux vim 编辑器

在 Linux 中经常需要对文本进行编辑，例如，各类配置文件、程序的编写等。vi 编辑器是 Linux 自带的一款功能强大的文本编辑器。

vi 是 UNIX 操作系统和类 UNIX 操作系统中最通用的文本编辑器。vim 编辑器是从 vi 上发展出来的一个性能更加强大的文本编辑器，可以主动以字体颜色辨别语法的正确性，方便程序设计。vim 和 vi 编辑器完全兼容。

2.11.1 vim 的普通模式

以 vim 打开一个文件就直接进入了一般模式，这个模式是默认的模式。在这个模式中，可以使用“上下左右”按键来移动光标，可以使用“删除光标”或“删除整行”来进行文件操作，也可以使用“复制”“粘贴”来处理文件数据。

常用语法如表 2-2 所示。

表 2-2

语法	功能描述
yy	复制光标当前行
y 数字 y	复制一段(从第几行到第几行)
p	箭头移动到目的行粘贴
u	撤销上一步
dd	删除光标当前行
d 数字 d	删除光标(含)后多少行

(续表)

语法	功能描述
x	删除一个字母，相当于 del
x	删除一个字母，相当于 Backspace
yw	复制一个词
dw	删除一个词
shift+^	移动到行头
shift+$	移动到行尾
1+ shift+g	移动到页头、数字
shift+g	移动到页尾
数字 N+ shift+g	移动到目标行

2.11.2 vim 的编辑模式

vim 编辑器在一般模式中可以进行删除、复制、粘贴等动作，但是无法编辑文件内容，要等到按下 i、a、o 等任何一个字母键才会进入编辑模式。通常在 Linux 中，按上述键的时候，在画面的左下方会出现 INSERT 等字样，此时才可以进行编辑。如果要从编辑模式回到一般模式，按 ESC 键即可退出编辑模式。

常用语法如表 2-3 所示。

表 2-3

按键	功能
i	当前光标前
a	当前光标后
o	当前光标行的下一行
l	光标所在行最前
A	光标所在行最后
O	当前光标行的上一行

2.11.3 vim 的命令模式

在一般模式当中，输入“：”“、”“/”“？”任一按键，就可以进入命令模式。在这个模式中，可以搜索关键字，读取、保存、退出 vim、显示行号等。

常用的语法如表 2-4 所示。

表 2-4

命令	功能
:w	保存
:q	退出
:!	强制执行
/要查找的词	n 查找下一个，N 往上查找
？要查找的词	n 是查找上一个，shift+n 是往下查找
:set nu	显示行号
:set nonu	关闭行号

单元小结

- 了解目录结构
- 了解 Linux 系统的 7 个运行级别
- 掌握 Linux 系统常用命令
- 掌握如何设置合理的用户和用户组
- 掌握分配用户和用户组权限的方法
- 了解 Linux 磁盘管理
- 掌握 Linux 网络配置
- 了解 Linux 进程
- 了解 Linux 服务
- 会利用 RPM 和 YUM 方式进行软件安装
- 熟练使用 vim 编辑器

单元自测

选择题

1. Linux 中权限最大的账户是(　　)。

A. admin　　　　B. root

C. guest　　　　D. super

2. 默认情况下管理员创建了一个用户，就会在(　　)目录下创建一个用户主目录。

A. /usr　　　　B. /home

C. /root　　　　D. /etc

3. 如果要列出一个目录下的所有文件，需要使用命令行(　　)。

A. ls –l　　　　B. ls

C. ls –a(所有)　　　　D. ls –d

4. 命令(　　)可以将普通用户转换成超级用户。

A. super　　　　B. passwd

C. tar　　　　D. su

5. 在 vim 编辑器里，命令 dd 用来删除当前的(　　)。

A. 行　　　　B. 变量

C. 字　　　　D. 字符

6. Linux 启动的第一个进程 init 的第一个脚本程序是(　　)。

A. /etc/rc.d/init.d　　　　B. /etc/rc.d/rc.sysinit

C. /etc/rc.d/rc5.d　　　　D. /etc/rc.d/rc3.d

7. 按下(　　)键能终止当前运行的命令。

A. Ctrl+C　　　　B. Ctrl+F

C. Ctrl+B　　　　D. Ctrl+D

8. 以下命令(　　)可以终止一个用户的所有进程。

A. skillall　　　　B. skill

C. kill　　　　D. killall

9. vi 中命令(　　)将不保存强制退出。

A. ：wq　　　　B. ：wq!

C. ：q!　　　　D. ：quit

10. 用户编写了一个文本文件 a.txt，想将该文件名称改为 txt.a，命令(　　)可以实现。

A. cd a.txt xt.a　　　　B. echo a.txt > txt.a

C. rm a.txt txt.a　　D. cat a.txt > txt.a

11. Linux 文件权限一共 10 位长度，分成四段，第三段表示的内容是(　　)。

A. 文件类型　　B. 文件所有者的权限

C. 文件所有者所在组的权限　　D. 其他用户的权限

问答题

1. 如何创建一个用户账号?
2. 简述权限标识中 10 个字符的含义。
3. 简述 CentOS7.x 中查看服务状态、启动和关闭服务的命令。

上机题

1. 新建 myfiles 目录，并在此目录下新建一文本文件 soft，内容任意，再将该文件复制到/root 目录下，要求写出相关的命令行。

2. 新建目录/option1，在目录/option1 下生成一个文件 test，文件内容任意。接着设置 test 文件的拥有者为 jack(jack 用户已存在)，并复制 test 文件给/tmp 目录下的 test1 文件，复制时保留该文件的所有属性。最后软链接该文件到/tmp 目录下的 soft 文件。

3. 先创建 mygroup 组群，再创建 myuser 用户，此用户属于 mygroup 组群，接着以 myuser 用户身份登录，在/home/myuser 目录创建 ex 和 hv 两个文件，并使 hv 文件的同组用户是 root。请依次写出相应执行的命令。

4. 现需添加一新用户 helen，设置其用户主目录为/helen，密码为空。添加新组群 temp，指定其 GID 为 600，并将 temp 组群作为用户 helen 的附加组群。请依次写出相应的执行命令。

Hadoop伪分布式安装及其部署

课程目标

- ❖ 了解搭建 Hadoop 伪分布式环境的前期知识准备
- ❖ 掌握搭建 Hadoop 伪分布式环境中 Linux 环境的配置
- ❖ 掌握搭建 Hadoop 伪分布式环境中 JDK 的配置
- ❖ 掌握 Hadoop 伪分布方式的安装与部署

简介

Hadoop的环境搭建分为伪分布式和完全分布式两种方式。本章将先从单节点伪分布式环境的搭建开始学习和理解 Hadoop 平台。Hadoop 单节点安装是指在一台 PC 中安装 Hadoop 以及相应的服务，在正常的生产环境中我们用到的是完全分布式的环境(至少 3 台)。而对于初次接触 Hadoop 的学习者来说，学习单节点安装可以实现以下两点：第一，为后续的完全分布式学习做铺垫；第二，对于设备的配置要求要低于完全分布式的 PC 配置。

3.1 前期知识准备

在单元一中我们已经了解了大数据的概念，也了解到现在主流的大数据平台——Hadoop 的前世今生。在开始学习本单元的内容前，先来继续强化 Hadoop 这个大数据平台的一些相关知识。

我们知道在学习知识的时候如果有好的辅导资料，学习起来就会事半功倍，那么学习 Hadoop 知识的时候有没有好的资料呢？当然是有的，那就是 Hadoop 的官网。Hadoop 的官网提供了详尽的相关资料，可以这样说，如果能掌握官网的文档资料，就能成为 Hadoop“大神”，当然，这个资料有一个“小”问题，那就是官网是英文的，听到英文大家会觉得很“怕”，不过不用担心，我们会结合官网和一些辅助资料帮助大家理解 Hadoop，减少大家对英文的“恐惧”，所谓“见多不怪”，天天接触它就没有那么可怕了。

3.1.1 Hadoop 官方表述

https://Hadoop.apache.org/old/旧版界面如图 3-1 所示。

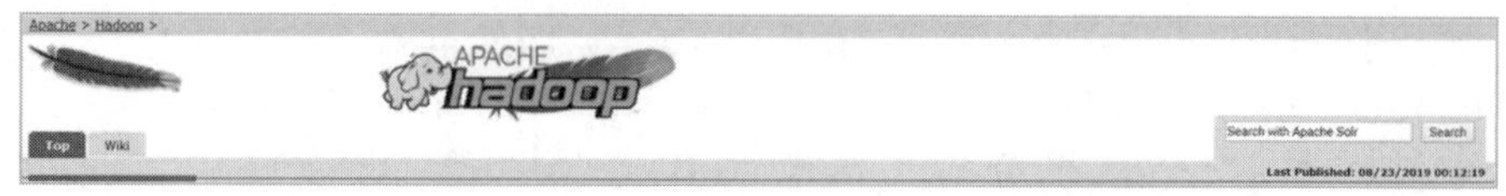

图 3-1

http://Hadoop.apache.org/新版界面如图 3-2 所示。后期的学习我们以新版为主。

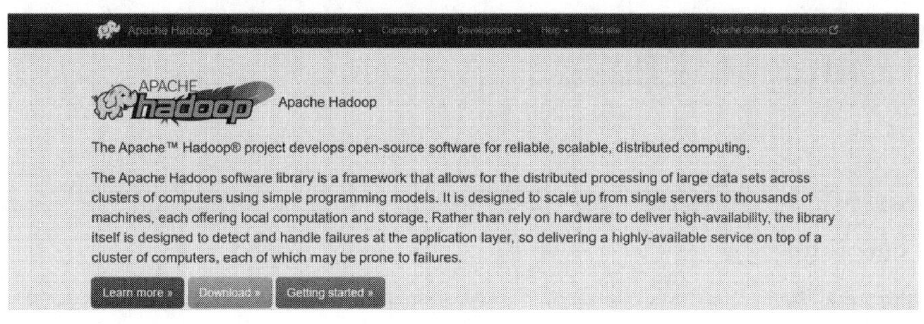

图 3-2

根据图 3-2 来浏览官网对 Hadoop 的描述：

Apache Hadoop 是一个开源的可靠、可扩展、分布式的计算框架。

Apache Hadoop 框架是一个允许跨多台机器分布式的处理大数据的简单程序模型，它的设计规模从单服务器到上千台机器，每台机器都能提供本地运算和存储，这里提到了 Hadoop 这个平台可以由一台计算机构成，也可以由成千上万台计算机组成。我们把由一台计算机组成的 Hadoop 平台叫做单节点的 Hadoop 平台，把由多台计算机组成的 Hadoop 平台叫做多节点分布式集群的 Hadoop 平台。单节点的 Hadoop 平台比较合适入门学习，在真正的应用环境中使用的都是多节点分布式集群的 Hadoop 平台。

Hadoop 平台不是靠硬件来提高可靠性，而是由顶层计算机集群提供高可靠性，单台计算机易于发生故障。也就是说，Hadoop 是由多台计算机组合在一起，集合所有计算机的运算和存储能力，提高容错运行，就算集群中有少数计算机出现故障，也不会对整个系统产生影响。

从官方网页的描述中，我们可以看到大数据带来的变革包括以下几点。

(1) 计算瓶颈

Hadoop 大数据平台采用的是可扩展、分布式的计算框架，可以方便、快捷地通过增加集群中的计算机来增加整个平台的计算能力。

(2) 存储瓶颈

同样，由于 Hadoop 平台采用的是可扩展、分布式的集群架构，在遇到存储瓶颈的时候，也可以通过增加集群中的计算机来增加整个平台的存储能力。

(3) 数据库瓶颈

Hadoop 平台提供了多种形式的数据存储方式，例如数据库仓库(HIVE)和列式存储数据库(HBASE)，提供了更高效的数据库处理方式。

3.2 Linux 环境配置

Hadoop 本身是一个大数据平台，搭建 Hadoop 平台有其固定的步骤，依次分别是：

(1) Linux 环境配置。

(2) JDK 的配置。

(3) Hadoop 的安装。

(4) Hadoop 的部署。

而第一步 Linux 环境配置中，我们又需要完成以下配置：

(1) 更改主机名和计算机名。

(2) 设置静态 IP 地址。

(3) 设置 SSH 无密码连接。

(4) 远程连接配置。

3.2.1 修改主机名和计算机名

为了在 Hadoop 集群中能清晰地标识不同主机，确认不同主机的身份，需要修改安装 CentOS 的主机名和用户名。

(1) 修改用户名(使用 root 用户权限执行)。执行 useradd hadoop 命令，添加以 hadoop01 为用户名的用户(可以根据需要自行设置用户名)，执行 passwd hadoop01 命令修改该用户和密码，密码统一设置为“123456”(可以根据需要自行设置密码)，如图 3-3 和图 3-4 所示。

```
[ww22002@localhost 桌面]$ sudo useradd hadoop01
```

图 3-3

```
[ww22002@localhost 桌面]$ sudo passwd hadoop01
更改用户 hadoop01 的密码 。
新的 密码：
重新输入新的 密码：
passwd： 所有的身份验证令牌已经成功更新。
```

图 3-4

注意：如果是在集群环境下，每台集群中的每一台主机都要进行同样的操作。

- 主机 1　hadoop01
- 主机 2　hadoop02
- 主机 3　hadoop03
- ……

(2) 修改主机名(使用 root 用户权限执行)，执行 vi /etc/hostname 命令，在文件中添加当前主机名称，例如：master。

注意：如果是在集群环境下，集群中的每一台主机都要进行操作。

- 主机 1　master
- 主机 2　slave01
- 主机 3　slave02
- ……

3.2.2　配置静态 IP 地址

Linux 在安装完毕后会自动为当前主机分配 IP 地址，如果在应用环境中配置一个多台主机的集群，那么集群中的主机则通过 IP 地址相互通信，但是如果让 Linux 自动分配每一台主机的 IP 地址，而没有一定的规律，就不方便对集群中的主机进行管理，所以需要对集群中的每一台主机进行有一定规则的 IP 地址设置。

(1) 修改 Oracle VM 网络设置

修改 VM 虚拟机的网络设置选项，保证 Windows 网络可以和虚拟机中的 Linux 的 IP 地址在同一个网段，如图 3-5 所示。

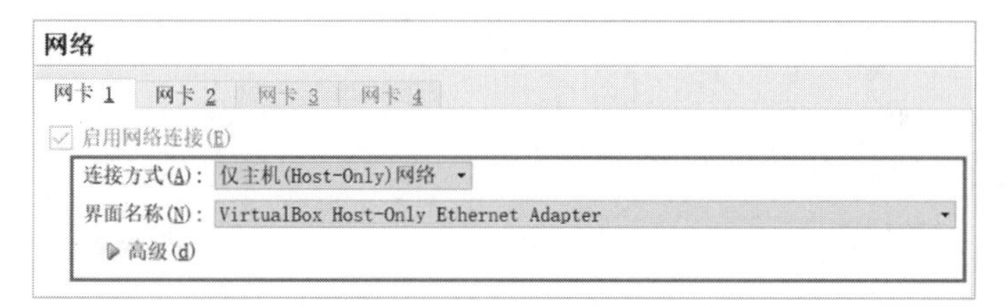

图 3-5

在 Linux 中使用 ip addr 命令查看本机 IP 地址，如图 3-6 所示。

```
[root@master ~]# ip addr
1: lo: <LOOPBACK,UP,LOWER_UP> mtu 65536 qdisc noqueue state UNKNOWN group defaul
t qlen 1000
    link/loopback 00:00:00:00:00:00 brd 00:00:00:00:00:00
    inet 127.0.0.1/8 scope host lo
       valid_lft forever preferred_lft forever
    inet6 ::1/128 scope host
       valid_lft forever preferred_lft forever
2: enp0s3: <BROADCAST,MULTICAST,UP,LOWER_UP> mtu 1500 qdisc pfifo_fast state UP
group default qlen 1000
    link/ether 08:00:27:ff:13:e2 brd ff:ff:ff:ff:ff:ff
```

图 3-6

然后在 Windows 的 CMD 中查看 Windows 中的 IP 地址，如图 3-7 所示。

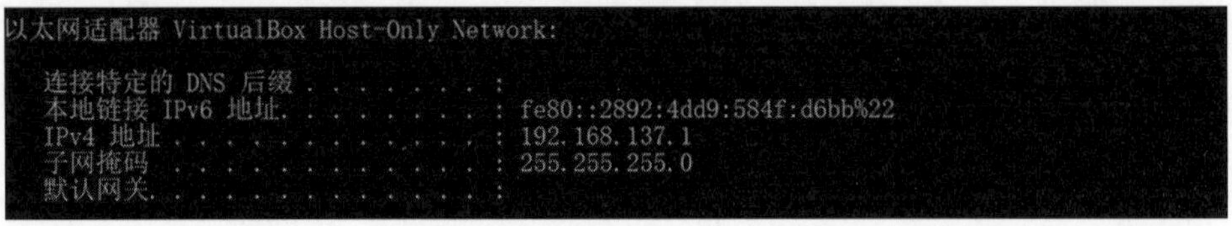

```
以太网适配器 VirtualBox Host-Only Network:

   连接特定的 DNS 后缀 . . . . . . . :
   本地链接 IPv6 地址. . . . . . . . : fe80::2892:4dd9:584f:d6bb%22
   IPv4 地址 . . . . . . . . . . . . : 192.168.137.1
   子网掩码  . . . . . . . . . . . . : 255.255.255.0
   默认网关. . . . . . . . . . . . . :
```

图 3-7

虚拟网卡 1 的 IP 地址在“192.168.137.x”网段中。

(2) 修改 enp0s3 文件

手动配置 IP 地址。使用 vi 命令修改“vi /etc/sysconfig/network-scripts/”目录下的“ifcfg-enp0s3”文件，如图 3-8 所示。

图 3-8

如果不是在 root 用户下，可以使用 sudo 命令获取管理员权限，以修改 ifcfg-enp0s3 网卡 1 的配置文件。如果提示“xx 不在 sudoers 文件中，需要把 xx 用户配置到 sudoers 文件中”，则使用如下方式进行调整：

① 切换到超级用户，如图 3-9 所示。

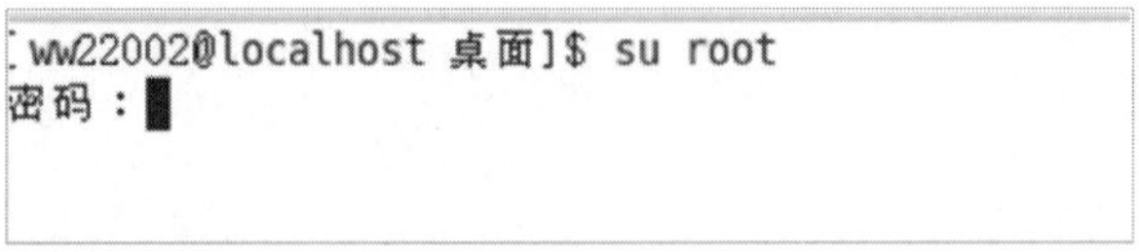

```
[ww22002@localhost 桌面]$ su root
密码：
```

图 3-9

② 编辑配置文件。

使用“vi”命令修改“/etc/”目录下的“sudoers”文件。在“root ALL=(ALL)ALL”下面添加一行“xxx ALL=(ALL)ALL”，xxx 为你自己的登录用户，如图 3-10 所示。修改完毕后使用“：wq!”保存并退出。

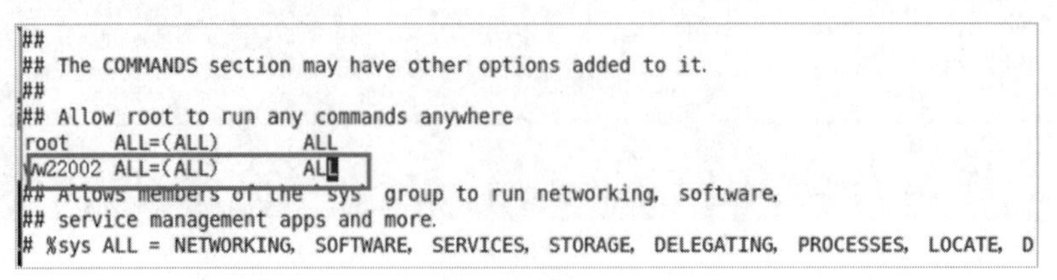

图 3-10

③ 切换回普通用户继续修改，进入配置界面进行 IP 配置，如图 3-11 所示。

```
TYPE=Ethernet
PROXY_METHOD=none
BROWSER_ONLY=no
BOOTPROTO=static
DEFROUTE=yes
IPV4_FAILURE_FATAL=no
IPV6INIT=yes
IPV6_AUTOCONF=yes
IPV6_DEFROUTE=yes
IPV6_FAILURE_FATAL=no
IPV6_ADDR_GEN_MODE=stable-privacy
NAME=enp0s3
UUID=2ab3d289-e1c7-4d89-87e5-6272870a50ba
DEVICE=enp0s3
ONBOOT=yes
IPADDR=192.168.137.2
NETMASK=255.255.255.0
GATEWAY=192.168.137.1
```

追加内容

图 3-11

注意：如果是在集群环境下，集群中的每一台主机都要进行同样的操作。

- 主机 1　192.168.137.2
- 主机 2　192.168.137.3
- 主机 3　192.168.137.4
- ……

(3) 保存退出，重启网络

执行“：wq!”强制退出后，执行重启网络服务命令：

```
systemctl restart network
```

(4) 修改/etc/hosts 文件

为了让 Hadoop 集群中的节点之间能够使用更简单的主机名而不需要使用 IP 地址进行互相访问，我们需要修改 hosts 文件(root 用户权限执行)。

执行“vi”命令编辑“/etc/”目录下的“hosts”文件，在文件末尾加上 IP 地址与主机名 192.168.137.2 master，如图 3-12 所示。

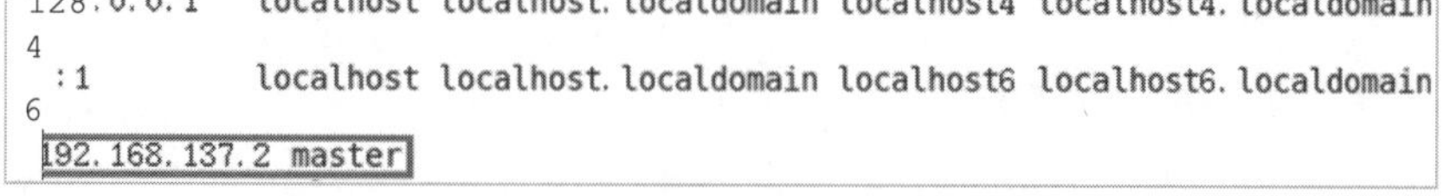

```
128.0.0.1    localhost localhost.localdomain localhost4 localhost4.localdomain4
::1          localhost localhost.localdomain localhost6 localhost6.localdomain6
192.168.137.2 master
```

图 3-12

注意：如果是在集群环境下，集群中的每一台主机都要进行同样的操作，在 hosts 中加入。

- 192.168.137.2　master
- 192.168.137.3　slave1
- 192.168.137.3　slave2

- ……

3.2.3 配置 SSH 无密码连接

SSH 是一个可在应用程序中提供的安全通信协议，通过 SSH 可以安全地进行网络数据传输。Hadoop 在启动和停止时需要主节点通过 SSH 协议将从节点的进程启动或停止。

由于 Hadoop 在每次启动和停止时都需要输入每个节点的用户名和密码，非常麻烦，所以需要进行 SSH 无密码连接。

设置 SSH 无密码连接的步骤如下。

(1) 关闭防火墙。

① 临时关闭防火墙，使用命令“systemctl stop firewalld”，如图 3-13 所示。

```
[hadoop@master /]$ systemctl stop firewalld
==== AUTHENTICATING FOR org.freedesktop.systemd1.manage-units ===
Authentication is required to manage system services or units.
Authenticating as: root
Password:
==== AUTHENTICATION COMPLETE ===
```

图 3-13

② 禁止开机启动防火墙(root 用户权限执行，所有节点都需执行)，使用命令“systemctl disable firewalld”，如图 3-14 所示。

```
[hadoop@master /]$ systemctl disable firewalld
==== AUTHENTICATING FOR org.freedesktop.systemd1.manage-unit-files ===
Authentication is required to manage system service or unit files.
Authenticating as: root
Password:
==== AUTHENTICATION COMPLETE ===
```

图 3-14

(2) 检查 SSH 是否安装(root 用户权限执行)。

绝大多数 Linux 操作系统已经附带了 SSH，但以防万一，可以先进行 SSH 的安装，使用命令“yum install ssh”和“yum install rsync”，如图 3-15 所示内容表示已经安装 ssh。如图 3-16 所示表示已经安装 rsync。

```
No package ssh available.
```

图 3-15

```
No package rsync available.
```

图 3-16

rsync 是一个远程数据同步工具，可通过 LAN/WAN 快速同步多台主机间的文件。

注意：如果在集群环境下，集群中的每一台主机都要进行操作。

① 检查 SSH 是否已经安装成功。

安装完毕或者系统中已经存在 SSH 后，可以查看 SSH 服务是否已经安装成功，使用命令“rpm -qa | grep openssh”，如图 3-17 所示。

```
[hadoop01@master 桌面]$ rpm -qa | grep openssh
openssh-5.3p1-94.el6.x86_64
openssh-askpass-5.3p1-94.el6.x86_64
openssh-clients-5.3p1-94.el6.x86_64
openssh-server-5.3p1-94.el6.x86_64
```

图 3-17

② 执行命令“rpm -qa | grep rsync”，如图 3-18 所示，出现如下信息表示 SSH 正常启动。

```
[hadoop01@master 桌面]$ rpm -qa | grep rsync
rsync-3.0.6-9.el6 4.1.x86 64
```

图 3-18

如系统中已经安装 SSH 服务，也可以手动启动服务。

(3) 启动 SSH 服务。

安装好 SSH 服务后，可以开启 SSH 服务，使用命令“systemctl start sshd”，如图 3-19 所示。

```
[hadoop@master /]$ systemctl start sshd
==== AUTHENTICATING FOR org.freedesktop.systemd1.manage-units ===
Authentication is required to manage system services or units.
Authenticating as: root
Password:
```

图 3-19

(4) SSH 免密操作。

SSH 免密的含义为：SSH 免密就是一台机器 A，登录到机器 B 不需要密码，如图 3-20 所示。

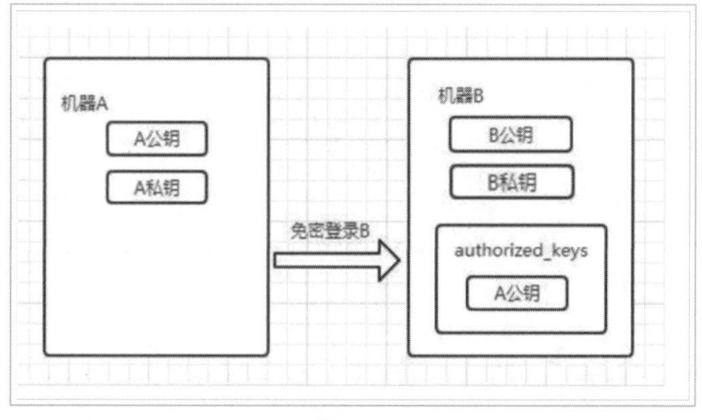

图 3-20

1) 单个机器

① 机器 A 产生公钥和私钥。

② 只需要把 A 的公钥发送给机器 B。

③ 这样 B 就可以唯一确认 A，因为只有 A 自己有它的私钥。

2) 集群机器

① 生成所有机器的公钥和私钥。

② 把公钥全部搜集起来。

③ 把公钥集合发给需要被远程登录的机器。

④ 任何一台机器都可以访问具有公钥集合的机器了。

(5) 生成公钥

使用命令“ssh-keygen -t rsa”生成公钥，如图 3-21 所示。

```
[hadoop01@master .ssh]$ ssh-keygen -t rsa
Generating public/private rsa key pair.
Enter file in which to save the key (/home/hadoop01/.ssh/id_rsa):
Enter passphrase (empty for no passphrase):
Enter same passphrase again:
Your identification has been saved in /home/hadoop01/.ssh/id_rsa.
Your public key has been saved in /home/hadoop01/.ssh/id_rsa.pub.
The key fingerprint is:
b4:1a:54:22:5c:d5:3a:8e:3e:0b:69:86:62:3c:e0:2f hadoop01@master
The key's randomart image is:
+--[ RSA 2048]----+
|    ...o.o.      |
|     ..  o  .    |
|          . ..   |
|        . .o.    |
|.        .oS.    |
|+  .  ..o.       |
|.=.  =..         |
|.Eoo .o          |
|  ..   .o        |
```

图 3-21

公钥生成的位置在“/home/Hadoop01/.ssh”隐藏目录之下，最后的图形是公钥的指纹密码。

① 公钥复制到本机的 authorized_keys 列表，使用命令“ssh-copy-id -i ~/.ssh/id_rsa.pub hadoop01@master”，如图 3-22 所示。

```
[hadoop01@master .ssh]$ ssh-copy-id -i ~/.ssh/id_rsa.pub hadoop01@192.168.0.2
The authenticity of host '192.168.0.2 (192.168.0.2)' can't be established.
RSA key fingerprint is 2f:9c:e4:64:08:bb:7a:18:d6:03:1f:4b:b6:5c:a3:06.
Are you sure you want to continue connecting (yes/no)? yes
Warning: Permanently added '192.168.0.2' (RSA) to the list of known hosts.
hadoop01@192.168.0.2's password:
Now try logging into the machine, with "ssh 'hadoop01@192.168.0.2'", and check i
n:

  .ssh/authorized_keys

to make sure we haven't added extra keys that you weren't expecting.
```

图 3-22

注意：如果在集群环境下，集群中的每一台主机都要进行同样的操作。

```
ssh-copy-id -i ~/.ssh/id_rsa.pub hadoop01@slave1
ssh-copy-id -i ~/.ssh/id_rsa.pub hadoop01@slave2
…
```

② 进行 SSH 免密验证。

对于单节点伪分布模式，在主节点(master)进行验证。使用命令 ssh master，如图 3-23 所示。如果没有出现输入密码的提示，则表明安装成功。

```
[root@master 桌面]# ssh localhost
The authenticity of host 'localhost (::1)' can't be established.
RSA key fingerprint is 47:34:27:54:b8:aa:7a:aa:e8:94:0e:24:7d:e1:30:fc.
Are you sure you want to continue connecting (yes/no)? yes
Warning: Permanently added 'localhost' (RSA) to the list of known hosts.
Last login: Fri Nov 18 23:44:12 2022 from 192.168.56.1
[root@master ~]# exit
logout
Connection to localhost closed.
[root@master 桌面]# ssh master
Last login: Mon Jan  2 12:55:37 2023 from localhost
[root@master ~]#
```

图 3-23

注意：对于完全分布模式，在主节点(master)执行 ssh slave1，如果没有出现输入密码的提示，则表明安装成功。

如果按以上步骤执行后仍然不成功，有可能是/home/hadoop01/.ssh 文件夹的权限问题。此时应以 hadoop01 用户执行命令“chmod 700/home/hadoop01/.ssh”和“chmod 644 /home/Hadoop01/.ssh/authorized_keys”。

3.2.4　远程连接配置

配置完 SSH 免密后，可以使用远程连接工具在现有的操作系统(Windows)上连接到 Linux 系统进行操作，这样在进行 Linux 操作的时候，就可以直接用此工具完成。特别是后期多台 Linux 主机需要进行操作的时候，使用该方式就不需要在虚拟机中进行多台 Linux 主机的切换。

在 Windows 中有很多远程连接工具，例如 putty、Xshell，在这里选择使用 Xshell 工具连接到 hadoop01@master 节点主机。打开 Xshell 进入控制台，输入命令“SSH 192.168.137.2”(待连接的 Linux 主机 IP 地址)，如图 3-24 所示。

```
[c:\~]$ ssh 192.168.137.2
```

图 3-24

输入用户名，如图 3-25 所示。

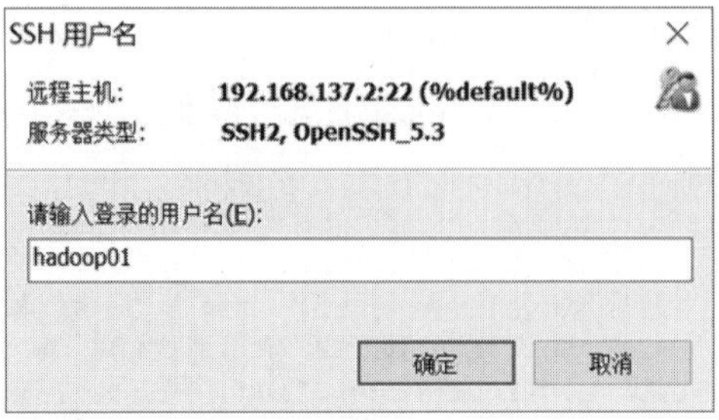

```
SSH 用户名
远程主机:       192.168.137.2:22 (%default%)
服务器类型:     SSH2, OpenSSH_5.3
请输入登录的用户名(E):
hadoop01
确定    取消
```

图 3-25

输入登录 Linux 主机的密码，如图 3-26 所示。

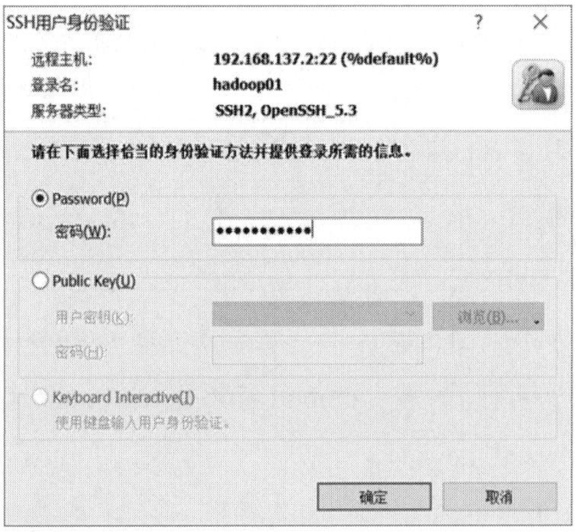

```
SSH用户身份验证
远程主机:       192.168.137.2:22 (%default%)
登录名:         hadoop01
服务器类型:     SSH2, OpenSSH_5.3
请在下面选择恰当的身份验证方法并提供登录所需的信息。
(•) Password(P)
    密码(W):    ••••••••••••
( ) Public Key(U)
    用户密钥(K):            浏览(B)...
    密码(H):
( ) Keyboard Interactive(I)
    使用键盘输入用户身份验证。
确定    取消
```

图 3-26

成功连接，如图 3-27 所示。

```
[hadoop01@master ~]$
```

图 3-27

3.3 JDK 配置

3.3.1 卸载 Open JDK

由于 CentOS 7.x 系统已经默认有 Open JDK，为了能顺利安装我们下载的 Oracle JDK，要先卸载系统中默认的 Open JDK。

(1) 查看当前系统 JDK，使用命令“rpm -qa | grep JDK”，如图 3-28 所示。如果出现以下信息，表示系统中存在 Open JDK。

```
[hadoop01@master software]$ rpm -qa | grep jdk
java-1.6.0-openjdk-1.6.0.0-1.66.1.13.0.el6.x86_64
java-1.6.0-openjdk-devel-1.6.0.0-1.66.1.13.0.el6.x86_64
java-1.7.0-openjdk-devel-1.7.0.45-2.4.3.3.el6.x86_64
java-1.6.0-openjdk-javadoc-1.6.0.0-1.66.1.13.0.el6.x86_64
java-1.7.0-openjdk-1.7.0.45-2.4.3.3.el6.x86_64
```

图 3-28

(2) 删除系统 JDK(root 用户权限执行)，使用命令“rpm -e --nodeps…”，如图 3-29 所示。

```
[hadoop01@master ~]$ sudo rpm -e --nodeps java-1.6.0-openjdk-javado
c-1.6.0.0-1.66.1.13.0.el6.x86_64
[hadoop01@master ~]$ sudo rpm -e --nodeps java-1.7.0-openjdk-1.7.0.
45-2.4.3.3.el6.x86_64
[hadoop01@master ~]$ rpm -qa | grep java
[hadoop01@master ~]$ 
```

图 3-29

注意：如果在集群环境下，集群中的每一台主机都要进行此操作。

3.3.2　下载 Oracle JDK

进入 Oralce 的官网下载所需版本的 JDK，官网的网址为 http://www.oracle.com/technetwork/java/javase/downloads/java-archive-downloads- javase7-521261.html，如图 3-30 所示。

Product / File Description	File Size	Download
Linux x86	130.44 MB	jdk-7u80-linux-i586.rpm
Linux x86	147.68 MB	jdk-7u80-linux-i586.tar.gz
Linux x64	131.69 MB	jdk-7u80-linux-x64.rpm
Linux x64	146.42 MB	jdk-7u80-linux-x64.tar.gz
Mac OS X x64	196.94 MB	jdk-7u80-macosx-x64.dmg
Solaris x86 (SVR4 package)	140.77 MB	jdk-7u80-solaris-i586.tar.Z
Solaris x86	96.41 MB	jdk-7u80-solaris-i586.tar.gz

Linux压缩版本

图 3-30

注意：如果在集群环境下，集群中的每一台主机都要进行相关的操作。

3.3.3 安装 Oracle JDK(root 用户权限执行)

下载完成后，可以通过以下 5 个步骤进行 JDK 的配置。

(1) 上传 JDK 到 CentOS。

可以通过对应的 FTP 工具把 Windows 中下载的 JDK 压缩包上传到 CentOS 对应目录中，如图 3-31 所示。

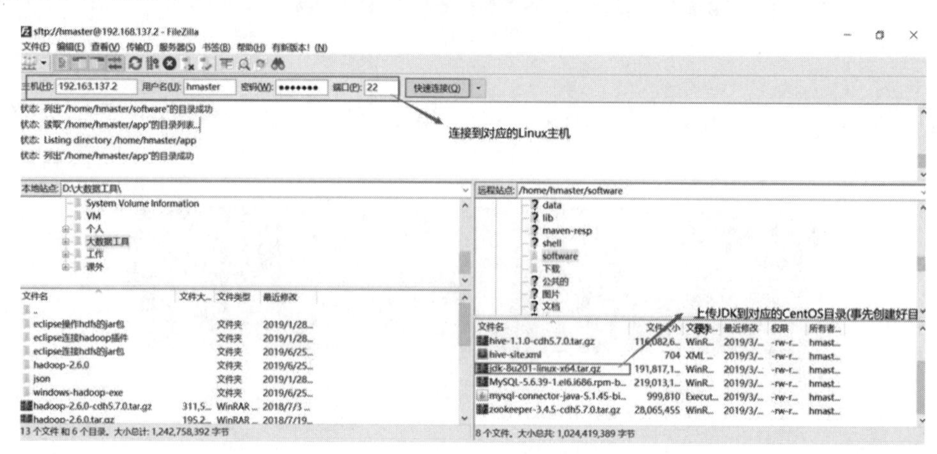

图 3-31

注意：后续类似 Windows 中下载的 CentOS Linux 软件都需要上传到 CentOS 中，类似操作后续不再重复描述。

(2) 解压 JDK，使用命令“tar -zxvf jdk…. [~C 对应解压目录]”，如图 3-32 所示。

```
[hadoop01@master software]$ sudo tar -zxvf jdk7u79linuxx64.tar.gz
```

图 3-32

(3) 配置环境变量，使用 vi 命令，对/etc/下的 profile 文件进行内容追加，如图 3-33 所示。

```
[hadoop01@master jdk1.7.0_79]$ ls
bin          lib          src.zip
COPYRIGHT    LICENSE      THIRDPARTYLICENSEREADME-JAVAFX.txt
db           man          THIRDPARTYLICENSEREADME.txt
include      README.html
jre          release
[hadoop01@master jdk1.7.0_79]$ sudo vi /etc/profile
[hadoop01@master jdk1.7.0_79]$ pwd
/home/hadoop01/下载/software/jdk1.7.0_79
```

图 3-33

进入/etc/profile 文件，追加配置信息，如图 3-34 所示。

```
export JAVA_HOME=/home/hadoop01/下载/software/jdk1.7.0_79
export PATH=$PATH：JAVA_HOME/bin
```

```
export JAVA_HOME=/home/hadoop01/下载/software/jdk1.7.0_79
export PATH=$PATH:$JAVA_HOME/bin
```

图 3-34

(4) 使配置文件生效。

配置完 profile 文件后，必须使用“source /etc/profile”命令使该文件生效，刚才的配置才有效，如图 3-35 所示。

```
[hadoop01@master jdk1.7.0_79]$ source /etc/profile
```

图 3-35

(5) 检查 JDK 版本，命令为“java –version”，如图 3-36 所示。出现 JDK 版本号提示，表示 JDK 安装成功。

```
[hadoop01@master jdk1.7.0_79]$ java -version
java version "1.7.0_79"
Java(TM) SE Runtime Environment (build 1.7.0_79-b15)
Java HotSpot(TM) 64-Bit Server VM (build 24.79-b02, mixed mode)
```

图 3-36

注意：如果 JDK 的版本还是 1.5，说明使用的是 PATH 中的 JDK 路径，可以在配置 /etc/profile 的时候，写成 export PATH=JAVA_HOME/bin：$PATH。

注意：如果在集群环境下，集群中的每一台主机都要进行此操作。

3.4 安装与部署 Hadoop

目前常用的 Hadoop 版本有 3 种。

(1) Apache Hadoop：Apache 软件基金会的顶级项目，可以从 Apache 官网下载。但是 Apache 的 Hadoop 是原生的 Hadoop 版本，需要进行大量的配置，而且 Hadoop 生态圈的其他组件也需要单独下载然后配置。如果版本选择不合适很容易出现兼容性错误，所以目前一般不选择使用，其优点在于完全开源。

(2) CDH：由 Clouder 公司提供支持的 Hadoop 版本，在 Hadoop 生态圈有举足轻重的地位，CDH 是它们的拳头产品，该软件和 Apache Hadoop 一样是完全开源的，基于 Apache 软件许可证，免费提供个人版和商用版(2021 年已经开始收费)。

(3) HDP：和 CDH 类似，是 Hortonworks 公司管理的 Hadoop 项目，但是更贴近于原生的 Apache Hadoop。

3.4.1 安装 CDH

1. 解压 CDH 压缩文件

下载完对应的CDH压缩文件后，上传文件到CentOS中进行解压缩，使用命令"tar -zxvf hadoop-2.6.0-cdh5.7.0.tar.gz [~C 目标目录]"，如图3-37所示。

```
[hadoop01@master software]$ sudo tar -zxvf hadoop-2.6.0-cdh5.7.0.ta
r.gz
```

图 3-37

2. 修改配置文件

解压完 CHD 版本的 Hadoop 后，会得到一个对应的文件夹和一堆目录，这个就是 Hadoop 的本体，如图 3-38 所示。

```
[hmaster@master hadoop-2.6.0-cdh5.7.0]$ ls
bin              examples              libexec       README.txt
bin-mapreduce1   examples-mapreduce1   LICENSE.txt   sbin
cloudera         include               logs          share
etc              lib                   NOTICE.txt    src
```

图 3-38

下面重点介绍 Hadoop 中的目录。

(1) bin：存放的是用来实现管理脚本和使用脚本的目录，对 Hadoop 文件系统操作时用的就是这个目录下的脚本。

(2) sbin：存放的是管理脚本所在的目录，主要是对 HDFS 和 YARN 的各种开启和关闭及线程的开启和守护。其中比较核心的有：

- start-all.sh：它会调用 start-dfs.sh 和 start-yarn.sh。
- stop-all.s：它会调用 stop-dfs.sh 和 stop-yarn.sh。
- start-dfs.sh：启动 NameNode、SecondaryNamenode、DataNode 进程。
- start-yarn.sh：启动 ResourceManager、nodeManager 进程。
- stop-dfs.sh：关闭 NameNode、SecondaryNamenode、DataNode 进程。
- stop-yarn.sh：关闭 ResourceManager、nodeManager 进程。

(3) etc：存放一些 Hadoop 的配置文件，其中比较核心的有：

- core-site.xml：Hadoop 核心全局配置文件，其他配置文件可以引用该文件中定义的属性，如在 hdfs-site.xml 及 mapred-site.xml 中会引用该文件的属性。
- hadoop-env.sh：Hadoop 环境变量。
- hdfs-site.xml：HDFS 配置文件，该模板的属性继承自 core-site.xml。
- yarn-site.xml：yarn 的配置文件，该模板的属性继承自 core-site.xml。

- slaves：用于设置所有的 slave 的名称或 IP，每行存放一个。如果是名称，那么设置的 slave 名称必须在/etc/hosts 有 IP 映射配置。

Hadoop 安装需要修改前 6 个文件(由于本章只需要使用 HDFS 模块，所有先配置前 4 个配置文件，等后续章节需要的时候再对其他文件进行配置)。

3.4.2 修改 hadoop-env.sh

为了修改 Hadoop 的环境变量，使用“vi”命令在“/etc/hadoop”目录下的“hadoop-env.sh”文件的末尾添加环境变量，如图 3-39 所示。追加 JAVA_HOME 和 HADOOP_HOME 信息，如图 3-40 所示。

```
[hadoop01@master hadoop]$ sudo vi hadoop-env.sh
```

图 3-39

```
#export JAVA_HOME=${JAVA_HOME}
export JAVA_HOME=/home/hadoop01/下载/software/jdk1.7.0_79
export HADOOP_HOME=/home/hadoop01/下载/software/hadoop-2.6.0-cdh5.7.0
```

图 3-40

3.4.3 修改 core-site.xml

在核心配置文件中，使用“vi”命令在 Hadoop 所在的“etc/hadoop/”目录下编辑“core-site.xml”文件，添加配置信息，如图 3-41 所示。

```
<configuration>
        <property>
                <name>fs.defaultFS</name>
                <value>hdfs://master:8020</value>
         </property>
        <property>
                <name>hadoop.tmp.dir </name>
                <value>/opt/hdfs/tmp</value>
         </property>
</configuration>
```

图 3-41

该配置项提供 HDFS 服务器的主机名和端口号，也就是说 HDFS 通过 master 的 8020 端口提供服务，这项配置也指明了 NameNode 所运行的节点，即主节点。

3.4.4 修改 hdfs-site.xml

使用“vi”命令在 Hadoop 所在的“etc/hadoop/”目录下编辑“hdfs-site.xml”文件，添加配置信息，如图 3-42 所示。

```
<configuration>
        <property>
                <name>dfs.replication</name>
                <value>3</value>
        </property>
        <property>
                <name>dfs.name.dir</name>
                <value>/opt/hdfs/tmp/dfs/name</value>
        </property>
        <property>
                <name>dfs.data.dir</name>
                <value>/opt/hdfs/tmp/dfs/data</value>
        </property>
        <property>
                <name>dfs.permissions</name>
                <value>false</value>
        </property>
</configuration>
```

图 3-42

dfs.replication 配置项设置 HDFS 中文件的副本数为 3，HDFS 会自动对文件做冗余处理，这项参数就是配置文件的冗余数，3 表示有两份冗余。dfs.name.dir 配置项设置 NameNode 的元数据存放的本地文件系统路径，dfs.data.dir 设置 DataNode 存放数据的本地文件系统路径。

3.4.5　修改 slaves 文件

使用“vi”命令在 Hadoop 所在的“etc/hadoop/”目录下编辑 slaves 文件，添加配置信息。这样指明主节点同时运行 DataNode、NodeManager 进程。

注意：如果是集群的完全分布式，那么在伪分布式的基础上，只需要将 slaves 文件修改为：

```
slave1
slave2
....
```

然后利用 scp 命令将安装文件夹分发到从节点的相同路径下即可。

3.4.6　追加 HADOOP_HOME 到环境变量中

使用“vi”命令在“/etc/”目录下编辑“profile”文件，添加配置 Hadoop 环境变量信息，如图 3-43 所示。修改完毕后，保存退出。需要使用命令“source/etc/profile”使配置文件生效。

```
export JAVA_HOME=/home/hadoop01/下载/software/jdk1.7.0_79
export PATH=$PATH:$JAVA_HOME/bin
export HADOOP_HOME=/home/hadoop01/下载/software/hadoop-2.6.0-cdh5.7.0
export PATH=$PATH:$HADOOP_HOME/bin
```

图 3-43

3.4.7　格式化 HDFS

配置完毕 Hadoop 后，需要进行格式化。就像安装完 Windows 操作系统，要正常使用文件等资源，要先对硬盘进行格式化一样，我们在使用 Hadoop 前同样需要对其进行格式化。

进入 bin 目录执行命令“hadoop namenode -format”。该命令仅第一次执行即可，不要重复执行。格式化成功显示信息如图 3-44 所示。

```
18/07/04 21:48:57 INFO namenode.NNConf: ACLs enabled? false
18/07/04 21:48:57 INFO namenode.NNConf: XAttrs enabled? true
18/07/04 21:48:57 INFO namenode.NNConf: Maximum size of an xattr: 16384
18/07/04 21:48:57 INFO namenode.FSImage: Allocated new BlockPoolId: BP-17852
1789-192.168.0.2-1530712137535
18/07/04 21:48:57 INFO common.Storage: Storage directory /opt/hdfs/name has b
een successfully formatted.
18/07/04 21:48:58 INFO namenode.NNStorageRetentionManager: Going to retain 1
images with txid >= 0
18/07/04 21:48:58 INFO util.ExitUtil: Exiting with status 0
18/07/04 21:48:58 INFO namenode.NameNode: SHUTDOWN_MSG:
/************************************************************
SHUTDOWN_MSG: Shutting down NameNode at master/192.168.0.2
************************************************************/
```

图 3-44

注意：如果出现图 3-45 所示错误，表示目录操作权限不够。

```
java.io.IOException: Cannot create directory /opt/hdfs/name/current
        at org.apache.hadoop.hdfs.server.common.Storage$StorageDirecto
rDirectory(Storage.java:337)
```

图 3-45

此时，需要先在“/opt/hdfs/tmp/dfs/name”和“/opt/hdfs/tmp/dfs/data”目录下创建“current”目录并设置权限，如图 3-46 所示。

```
[hadoop01@master opt]$ sudo chmod -R a+w /opt/hdfs
```

图 3-46

3.4.8　启动 Hadoop 并验证安装

格式化 Hadoop 后，就可以正常“开机”了，进入“sbin”目录执行命令“start-dfs.sh”，如图 3-47 所示。

```
[hadoop01@master hadoop-2.6.0-cdh5.7.0]$ cd sbin/
[hadoop01@master sbin]$ ls
distribute-exclude.sh    slaves.sh              stop-all.sh
hadoop-daemon.sh         start-all.cmd          stop-balancer.sh
hadoop-daemons.sh        start-all.sh           stop-dfs.cmd
hdfs-config.cmd          start-balancer.sh      stop-dfs.sh
hdfs-config.sh           start-dfs.cmd          stop-secure-dns
httpfs.sh                start-dfs.sh           stop-yarn.cmd
kms.sh                   start-secure-dns.sh    stop-yarn.sh
Linux                    start-yarn.cmd         yarn-daemon.sh
mr-jobhistory-daemon.sh  start-yarn.sh          yarn-daemons.sh
refresh-namenodes.sh     stop-all.cmd
[hadoop01@master sbin]$ ./start-dfs.sh
```

图 3-47

注意：如果提示图 3-48 所示的错误，则使用命令“mkdir logs”创建 logs 目录并使用命令“chmod 777 logs”添加 logs 目录的权限，如图 3-49 和图 3-50 所示。

```
master: mkdir: 无法创建目录"/home/hadoop01/下载/software/hadoop-2.6.0-cdh5.7.0/logs": 权限不够
master: chown: 无法访问"/home/hadoop01/下载/software/hadoop-2.6.0-cdh5.7.0/logs": 没有那个文件或目录
```

图 3-48

```
[hadoop01@master hadoop-2.6.0-cdh5.7.0]$ sudo mkdir logs
```

图 3-49

```
[hadoop01@master hadoop-2.6.0-cdh5.7.0]$ sudo chmod 777 logs/
```

图 3-50

3.4.9 安装验证

安装完单节点为分布式的 Hadoop 环境，启动服务后，需要检验安装是否成功，这里有两种方法。

(1) 查看进程。使用命令“jps”显示进程，如图 3-51 所示。如果出现图中所示的 4 个进程表示启动成功。

```
[hadoop01@master sbin]$ jps
8817 DataNode
9013 SecondaryNameNode
9119 Jps
8714 NameNode
```

图 3-51

(2) 使用浏览器查看。在浏览器中输入“http://master:50070”，看到图 3-52 所示网页表示启动成功。

图 3-52

如果想要停止 Hadoop 服务，可以进入“sbin”目录执行命令“stop-dfs.sh”，如图 3-53 所示。

```
[hadoop01@master sbin]$ ./stop-dfs.sh
18/07/04 23:06:56 WARN util.NativeCodeLoader: Unable to load native-hadoop
brary for your platform... using builtin-java classes where applicable
Stopping namenodes on [master]
master: stopping namenode
master: stopping datanode
Stopping secondary namenodes [0.0.0.0]
0.0.0.0: stopping secondarynamenode
18/07/04 23:08:09 WARN util.NativeCodeLoader: Unable to load native-hadoop
brary for your platform... using builtin-java classes where applicable
[hadoop01@master sbin]$ jps
9674 Jps
```

图 3-53

- 部署和安装 Hadoop 的前期知识准备
- Linux 环境配置
- JDK 的配置
- Hadoop 的安装与部署

选择题

1. 下列(　　)是 Hadoop 运行的模式。

   A. 单机版　　　B. 伪分布式

   C. 完全分布式　D. 跨域式

2. Hadoop 的缺点是(　　)。

A. Hadoop 不适用于低延迟数据访问

B. Hadoop 不能高效存储大量小文件

C. Hadoop 不支持多用户写入并任意修改文件

D. Hadoop 不适合做离线数据处理

3. 下列(　　)通常是集群的最主要瓶颈。

A. CPU　　　　B. 网络

C. 磁盘 IO　　　D. 内存

4. Hadoop 包括的主要版本是(　　)。

A. Apache Hadoop　B. Cloudera Hadoop

C. Hortonworks Hadoop

问答题

简单描述如何安装并配置 Hadoop 环境，请列出步骤。

上机题

在个人电脑上安装伪分布式 Hadoop。

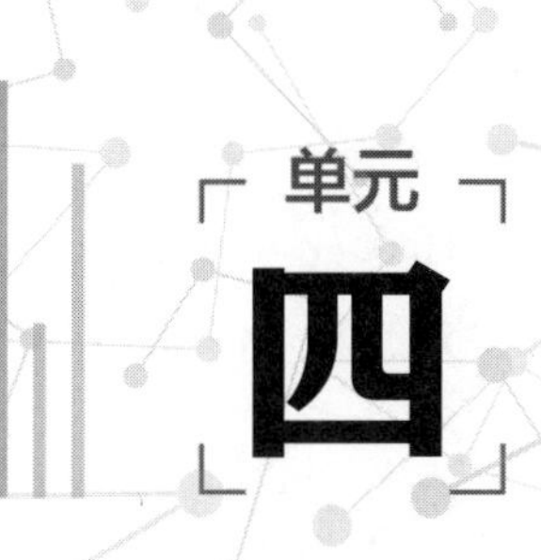

HDFS原理详解

课程目标

❖ 了解 HDFS 以及设计目标

❖ 熟悉 HDFS 架构

❖ 了解 HDFS 副本机制

❖ 熟悉 HDFS 读取文件和写入文件的过程

❖ 掌握 HDFS 的基本文件操作

简介

Hadoop分布式文件系统(HDFS，Hadoop distributed file system)是一个能够兼容普通硬件环境的分布式文件系统，和现有的分布式文件系统不同的是，Hadoop更注重容错性和兼容廉价的硬件设备，这样做是为了用很小的预算甚至直接利用现有机器就实现大流量和大数据量的读取。Hadoop使用了POSIX的设计来实现对文件系统文件流的读取，HDFS原来是Apache Nutch搜索引擎(从Lucene发展而来)开发的一个部分，后来独立出来作为一个Apache子项目。

4.1 HDFS概述以及设计目标

4.1.1 HDFS概述

在前面的章节中我们已经知道Hadoop是一个分布式系统基础架构，是一种分析和处理大数据的软件平台，也了解到了Hadoop的生态圈，如图4-1所示。

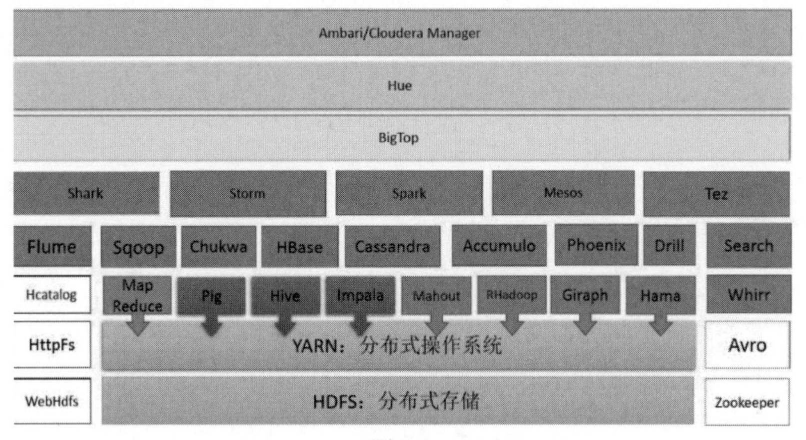

图4-1

我们已经看过这个结构，在这个生态圈中每个组件的地位并不是一致的，是有层次和依赖关系的，从图中可以看到HDFS分布式存储(分布式文件系统)，是所有组件的基础，所以如果要理解Hadoop的原理，理解Hadoop的整个生态圈，就必须先了解HDFS分布式文件系统。

(1) 文件系统介绍

文件系统是什么？标准的定义是：文件系统是操作系统用于明确存储设备(常见的是磁

盘，也有基于 NAND Flash 的固态硬盘)或分区上的文件的方法和数据结构；即在存储设备上组织文件的方法。操作系统中负责管理和存储文件信息的软件结构称为文件管理系统。用形象点的比喻就像 Windows 中的 C 盘、D 盘等，而 Windows 中的这些盘符其实是一种逻辑标识，我们可以在盘符上单击鼠标右键查看其属性，如图 4-2 所示。

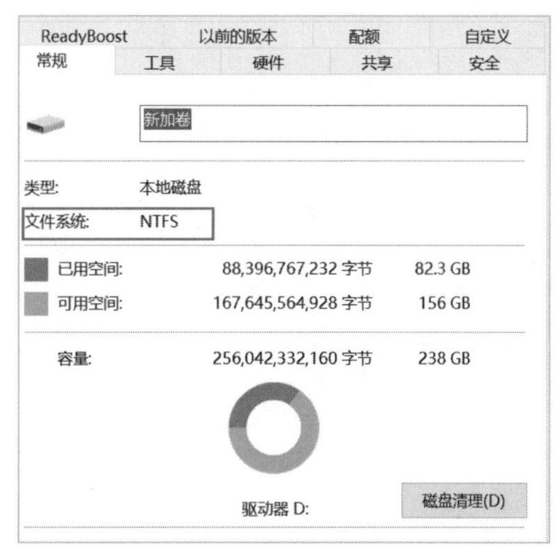

图 4-2

可以看到文件系统是 NTFS，也就是说 NTFS 文件系统就是 Windows 操作系统中组织文件的方法。同样的道理，在大数据的集群环境中也需要一种组织文件的方式来管理大数据文件，这种方式就是 HDFS(分布式文件系统)，这里强调了“分布式”三个字。管理网络中跨多台计算机存储的文件系统称为分布式文件系统，也就是说 HDFS 是一种在多台主机间组织管理文件的方法，这是大数据的基础。

(2) 分布式文件系统(HDFS)介绍

比较官方的解释是：Hadoop 分布式文件系统(HDFS)是指被设计成适合运行在通用硬件(commodity hardware)上的分布式文件系统(distributed file system)。HDFS 有着高容错性(fault-tolerant)的特点，并且设计用来部署在低廉的(low-cost)硬件上。它提供高吞吐量(high throughput)来访问应用程序的数据，适合那些有着超大数据集(large data set)的应用程序。HDFS 放宽了 POSIX 的要求，这样可以实现用流的形式访问(streaming access)文件系统中的数据。简单地说，分布式文件系统把文件分布存储到多个计算机上，构成计算机集群，集群中的节点都是由普通硬件构成的，大大降低了硬件上的开销。

4.1.2　HDFS 设计理念

HDFS 的设计理念源于非常朴素的思想：当数据集的大小超过单台计算机的存储能力时，就有必要对其分区并存储到若干台单独的计算机上，该系统架构构建于网络之上，势必会引入网络编程的复杂性，因此分布式文件系统比普通文件系统更为复杂。

准确地说，Hadoop 有一个抽象的文件系统的概念，HDFS 只是其中的一个实现。

如图 4-3 所示，如果用户想访问一个文件，这个时候用户只会和 HDFS 打交道，而 HDFS 会负责从底层的相应服务器中读取该文件，然后返回给用户，用户不需要了解这个文件是怎样在多台机器上存储的。

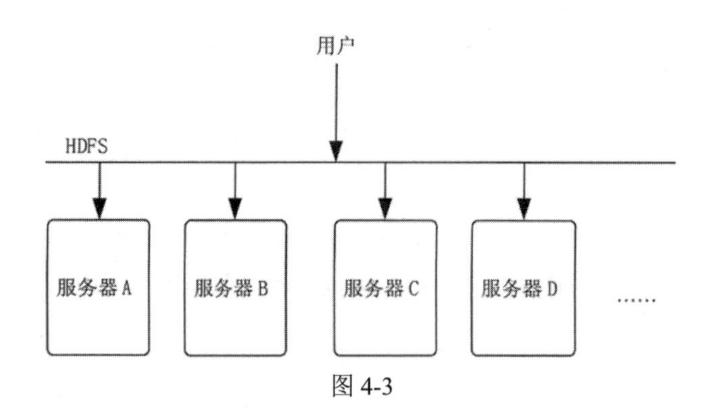

图 4-3

4.1.3 HDFS 目标

HDFS 是基于流数据模式访问和处理超大文件的需求而开发的，它可以运行于廉价的商用服务器上，HDFS 需要具备以下几个特点：

(1) 硬件故障

硬件故障是常态，而不是例外。HDFS 实例可能由数百台或数千台服务器计算机组成，每台计算机存储文件系统的部分数据。事实上，有大量的组件，并且每个组件都有非凡的故障概率，这意味着 HDFS 的某些组件总是不起作用。因此，检测故障并从中快速、自动地恢复是 HDFS 的核心体系结构目标。

(2) 数据流访问

在 HDFS 上运行的应用程序需要对其数据集进行流式访问。它们不是通常在通用文件系统上运行的通用应用程序。HDFS 更多地是为批量处理而设计的，而不是供用户交互使用。重点是数据访问的高吞吐量，而不是数据访问的低延迟。POSIX 强加了许多针对 HDFS 的应用程序不需要的硬需求。为了提高数据吞吐量，在一些关键领域中使用了 POSIX 语义。

(3) 大数据集

在 HDFS 上运行的应用程序具有大型数据集。HDFS 中的典型文件大小为 GB 到 TB。因此，HDFS 被调整为支持大型文件。它应提供高聚合数据带宽，并可扩展到单个集群中的数百个节点。它应该在单个实例中支持数千万个文件。

(4) 模型简单一致

HDFS 应用程序需要一种一次写入多读取的文件访问模型。文件一旦创建、写入和关闭，除了追加和截断外，无需更改。支持将内容追加到文件末尾，但不能在任意点更新。这种假设简化了数据一致性问题，并支持高吞吐量数据访问。MapReduce 应用程序或 Web 爬虫应用程序非常适合此模型。

(5) 移动计算比移动数据高效

如果应用程序请求的计算是在其所操作的数据附近执行的，则计算效率要高得多。当数据集很大时，尤其如此。这将最大限度地减少网络拥塞并提高系统的总体吞吐量。我们的假设是，将计算迁移到更靠近数据所在位置的位置，而不是将数据移到应用程序运行的位置，这样通常会更好。HDFS 为应用程序提供接口，使其更接近数据所在的位置。

(6) 跨异构硬件和软件平台的可移植性

HDFS 被设计为可以方便地从一个平台移植到另一个平台。这有助于广泛采用 HDFS 作为大型应用程序的首选平台。

4.1.4 HDFS 缺点

正是由于以上的种种考虑，我们会发现，现在 HDFS 在处理一些特定的问题时，不但没有优势，反而有一定的局限性，主要表现在以下几个方面：

(1) 实时数据访问弱：如果应用要求数据访问的时间是秒或毫秒级别，HDFS 是做不到的。由于 HDFS 针对高数据吞吐量做了优化，因而牺牲了读取数据的速度，对于响应时间是秒或者毫秒的数据访问，可以考虑使用 Hbase。

(2) 不适合大量的小文件：当 Hadoop 启动时，NameNode 会将所有元数据读到内存，以此构建目录树。一般来说，一个 HDFS 上的文件、目录和数据块的信息大约在 150 字节左右，那么可推算出，如果 NameNode 的内存为 16GB 的话，大概只能存放 480 万个文件，对于一个超大模的集群，这个数字很快就可以达到。

(3) 多用户写入，任意修改文件：HDFS 中的文件只能有一个写入者，并且写数据操作总是在文件末。它不支持多个写入者，也不支持在数据写入后，在文件的任意位置进行修改。

4.2 HDFS 架构

解决传统分布式系统中每个节点文件存储容量不定和负载均衡的问题，HDFS 分布式文件系统是这样处理的，如图 4-4 所示，HDFS 首先把一个文件分割成多个大小一致的块，然后再把这些文件块存储在不同的主机上，这种方式的优势就是不怕文件太大，每个节点存储的文件大小不一致。同样的为了防止一台主机出现故障或者主机上的文件损坏，会对每一个块进行多备份的冗余处理，每一个备份的块会分配到不同的主机上，这样就解决了传统分布式系统的缺点。

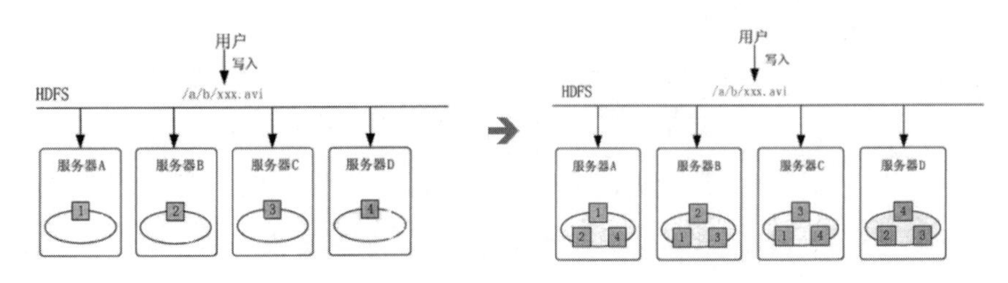

图 4-4

这是一个非常复杂的机制。为了更好地管理集群中每个节点中的文件块等相关信息，HDFS 需要记录维护一些相关数据(也叫元数据)，如 HDFS 中存放了哪些文件，文件被分成了哪些块，每个块被放在哪台主机上等。

这些元数据由一个单独的节点主机进行管理，这个节点主机也被称为名称结点(Name Node)，而存放真实文件块的节点机器叫作数据结点(DataNode)。HDFS 的完整架构如图 4-5 所示。

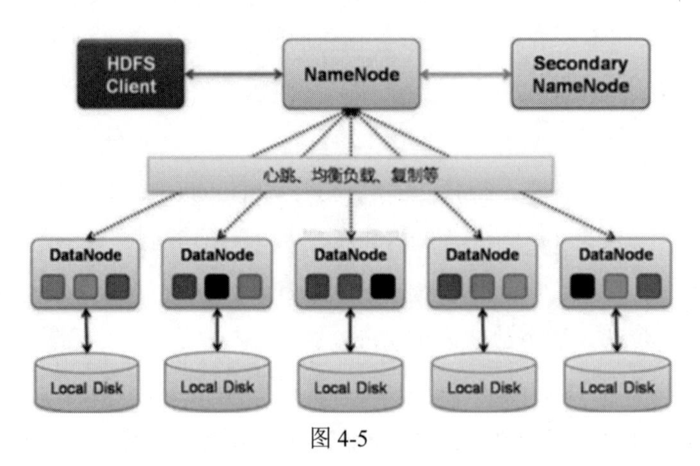

图 4-5

一个完整的 HDFS 运行在一些节点之上，这些节点运行着同类型的守护进程，如 NameNode、DataNode、SecondaryNameNode，不同类型的节点相互配合，相互协作，在集群中扮演了不同的角色，一起构成 HDFS。

一个典型的 HDFS 集群中，要有一个 NameNode、一个 SecondaryNode 和至少一个 DataNode，而 HDFS 客户端数量并没有限制，所有的数据均存放在运行 DataNode 进程的节点块(block)里。

(1) 块(block)

HDFS 是为了解决大数据存储的一个 Hadoop 组件，大数据的特点就是数据量大，这就有可能出现单个文件就达到 TB 级别的情况。需要集群很多的服务器组成一个逻辑上的大磁盘进行存储，将任何需要存储的文件物理切割为固定大小的块，块的大小可以配置(dfs.blocksize)，默认是 128MB(Hadoop 1.X 默认是 64MB)，这些块散落分布在一台或多台服务器节点上，这就解决了单个 TB 级别文件的存储问题。

在 hdfs-site.xml 文件中，还有一项设置为 dfs.replication。该项设置为每个 HDFS 的块在 Hadoop 集群中保存的份数，值越高，冗余性越好，占用存储越多，默认为 3，即 2 份冗余块，好处如下。

① 可以保存比存储节点单一磁盘大的文件。

② 简化存储子系统。

③ 容错性高。

块大小的配置很有讲究，配置太小，会增加磁盘寻址开销，同时会增加 NameNode 的内存消耗。根据 Hadoop 权威指南给出的说法：当一个 1MB 的文件存储在一个 128MB 的块中时，文件只使用 1MB 的磁盘空间，而不是 128MB。

(2) NameNode 和 DataNode

HDFS 集群中有两个核心角色：DataNode 和 NameNode，HDFS 集群实际上也是一主(NameNode)多从(DataNode)的架构。DataNode 角色的节点是真正存放块(block)数据的节点，当 DataNode 启动时，它将扫描其本地文件系统，生成与每个本地文件相对应的所有 HDFS 数据块的列表，并将此报告发送到 NameNode。该报告称为 Blockreport。

1) NameNode

NameNode 也被称为名字节点，NameNode 节点是 HDFS 的管理者，负责保存和管理 HDFS 的元数据。

其职责有以下三个方面：

① 管理维护 HDFS 的命名空间。

NameNode 管理 HDFS 系统的命名空间，维护文件系统树以及文件系统树中所有文件的元数据。管理这些信息的文件分别是 edits(操作日志文件)和 fsimage(命名空间镜像文件)。

editlog(操作日志)：在 NameNode 启动的情况下，记录 HDFS 进行的各种操作。HDFS 客户端执行的所有操作都会被记录到 editlog 文件中，这些文件由 edits 文件保存。

fsimage：包含 HDFS 中的元信息(比如修改时间、访问时间、数据块信息等)。

② 管理 DataNode 上的数据块。

负责管理数据块上所有的元数据信息(管理 DataNode 上数据块的均衡，维持副本数量)。

③ 接收客户端的请求。

接收客户端文件上传、下载、创建目录等的请求。

2) DataNode

DataNode 被称为数据节点，它是 HDFS 的主从框架的从角色的扮演者，它在 NameNode 的指导下完成 I/O 任务。存放在 HDFS 的文件都由 HDFS 的块组成，所有的块都存放于 DataNode 节点。

DataNode 会不断向 NameNode 报告。初始化时，每个 DataNode 将当前存储的块告知 NameNode，在集群正常工作时，DataNode 仍然会不断地更新 NameNode，为之提供本地修改的相关信息，同时接受来自 NameNode 的指令，创建、移动或者删除本地磁盘上的块。

(3) SecondaryNameNode

在 Hadoop 中，有一些命名不好的模块，Secondary NameNode 是其中之一。从它的名字上看，它给人的感觉就像是 NameNode 的备份，但实际上却不是这样。SecondaryNameNode 的职责是合并 NameNode 的 edit logs 到 fsimage 文件中。

通过图 4-6 来了解 NameNode 和 SecondaryNameNode 的交互步骤：

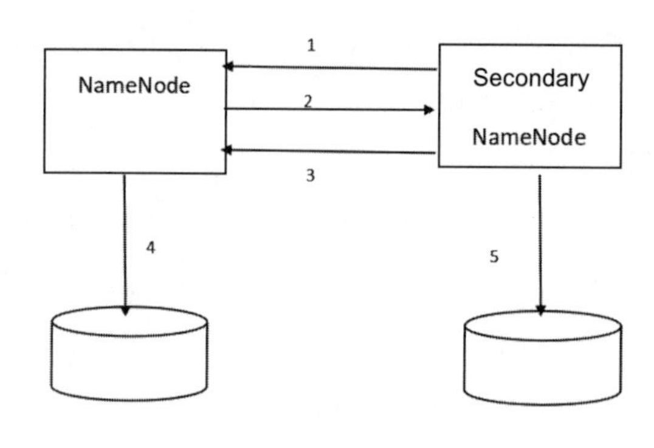

图 4-6

(1) SecondaryNameNode 引导 NameNode 滚动更新编辑日志文件，并开始将新的内容写入 EditLog.new。

(2) SecondaryNameNode 将 NameNode 的 fsimage 和编辑文件复制到本地的检查点的目录。

(3) SecondaryNameNode 载入 fsimage 文件，回放编辑日志，将其合并到 fsimage，将新的 fsimage 文件压缩后写入磁盘。

(4) SecondaryNameNode 将新的 fsimage 文件送回 NameNode，NameNode 在接收新的 fsimage 后，直接加载和应用该文件。

(5) NameNode 将 Edit Log.new 更名为 Edit Log。默认情况下，该过程每小时发生一次，或者当 NameNode 的编辑日志文件达到默认的 64MB 也会被触发。

注意：一定不要认为 SecondaryNameNode 是在 NameNode 出现故障时的“热备”。

(4) HDFS 客户端

HDFS 的客户端是指用户和 HDFS 交互的手段，HDFS 提供了非常多的客户端，包括命令行接口、Java。

4.3 HDFS 副本机制

4.3.1 数据复制

前面我们说过 HDFS 的优点之一是使用大量相对廉价的计算机，那么宕机就是一种必然事件，我们需要让数据避免丢失，就只有采取冗余数据存储，而具体的实现就是副本机制。

HDFS 旨在使跨大型集群中的计算机可靠地存储非常大的文件。它将每个文件存储为一系列块。复制文件块以实现容错。每个文件的块大小和复制因子都是可配置的。

文件中除最后一个块外的所有块的大小都相同。应用程序可以指定文件的副本数量。复制系数可以在文件创建时指定，以后再更改。HDFS 中的文件只写一次(除了附加和截断)，并且在任何时候都有一个严格意义上的写入程序。

NameNode 做出有关块复制的所有决策。它定期从集群中的每个数据节点接收心跳信号和块报告(Blockreport)。接收到心跳信号意味着 DataNode 工作正常。块报告包含 DataNode 上所有块的列表。

HDFS 在存储模型上具有以下特点，如图 4-7 所示。

(1) HDFS 是一个分布式文件系统，文件以线性按字节被切割成 block(块)，分散存储到 HDFS 集群的 DataNode 节点中，block 在集群中就有了 location(位置)。

(2) 文件被线性按字节切割成 block 存储，block 具有 offset 和 id。一个文件除了最后一个 block，其他 block 一定是大小一样的。

(3) HDFS 使用的典型 block 的大小是 128MB，但 HDFS 的 block 大小可以根据硬件的 I/O 特性调整。

(4) block 具有副本(replication)。block 的副本不能出现在同一个节点上，但 block 副本没有主从的概念(这点要和其他分布式系统区分理解，例如 ES 分布式系统的分片具有主从和副本的概念)。

(5) 在向 HDFS 中上传文件时可以指示 block 的大小和副本数量，副本是满足 HDFS 中存储的文件可靠性和性能的关键指标。

(6) 根据 HDFS write-once-read-many 的特性，block 的大小在文件上传后就不能修改了(支持追加数据)，但是在文件上传后可以修改 block 的副本数量。

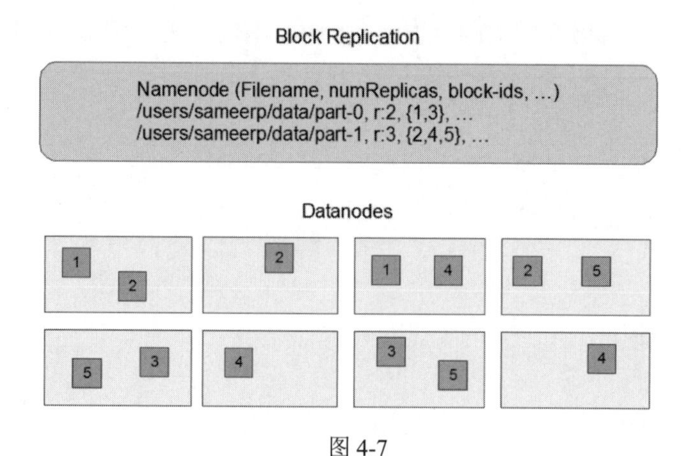

图 4-7

4.3.2 副本存放机制

副本的存放是 HDFS 可靠性和性能的关键。优化的副本存放策略是 HDFS 区别于其他大部分分布式文件系统的重要特性。这种特性需要做大量的调优，并需要经验的积累。HDFS 采用一种称为机架感知(rack-aware)的策略来改进数据的可靠性、可用性和网络带宽的利用率。目前实现的副本存放策略只是在这个方向上的第一步。实现这个策略的短期目标是验证它在生产环境下的有效性，观察它的行为，为实现更先进的策略打下测试和研究的基础。

大型 HDFS 实例一般运行在跨越多个机架的计算机组成的集群上，不同机架上的两台机器之间的通讯需要经过交换机。在大多数情况下，同一个机架内的两台机器间的带宽会比不同机架的两台机器间的带宽大。

通过一个机架感知的过程，NameNode 可以确定每个 DataNode 所属的机架 id。一个简单但没有优化的策略就是将副本存放在不同的机架上。这样可以有效防止当整个机架失效时数据的丢失，并且允许读数据的时候充分利用多个机架的带宽。这种策略设置可以将副本均匀分布在集群中，有利于组件失效情况下的负载均衡。但是，因为这种策略的一个写操作需要传输数据块到多个机架，增加了写的代价。

在大多数情况下，副本系数是 3，HDFS 的存放策略是将一个副本存放在本地机架的节点上，一个副本放在同一机架的另一个节点上，最后一个副本放在不同机架的节点上。这种策略减少了机架间的数据传输，提高了写操作的效率。机架的错误远远比节点的错误少，所以这个策略不会影响到数据的可靠性和可用性。与此同时，因为数据块只放在两个(不是三个)不同的机架上，所以此策略减少了读取数据时需要的网络传输总带宽。在这种策略下，副本并不是均匀分布在不同的机架上。三分之一的副本在一个节点上，三分之一的副本在一个机架上，其他副本均匀分布在剩下的机架中，这一策略在不损害数据可靠性和读取性能的情况下改进了写的性能，如图 4-8 所示。

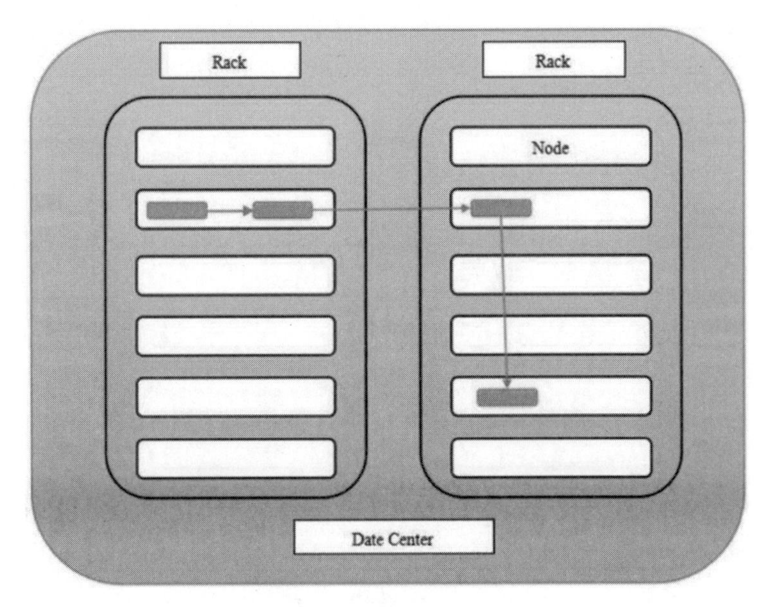

图 4-8

副本机制的作用如下。

(1) 极大程度上避免了宕机所造成的数据丢失，正如图 4-8 所示，不管是在同一机架中的节点出现故障，还是不同机架中的节点出现了故障，都会形成节点的冗余。

(2) 可以在读取数据时进行数据校验。

4.4 HDFS 读取文件和写入文件

HDFS 是一个分布式文件系统，对于一个文件系统来说，文件的存取是最频繁的操作，了解 HDFS 中读取和写入文件的流程更有利于我们理解 HDFS 分布式文件系统架构。

4.4.1 通过 HDFS 读取文件

假设 HDFS 中存储了一个文件/user/test.txt，HDFS 客户端要读取文件，需要完成如下流程，如图 4-9 所示。

(1) 客户端通过 Distributed FileSystem 向 NameNode 请求下载文件，NameNode 通过查询元数据，找到文件块所在的 DataNode 地址，并返回地址给客户端。

(2) 挑选一台 DataNode(就近原则，然后随机)服务器，请求读取数据。

(3) DataNode 开始传输数据给客户端(从磁盘里面读取数据输入流，以 packet 为单位校验)。

(4) 客户端以 packet 为单位接收，先在本地缓存，然后写入目标文件。

(5) 关闭资源。

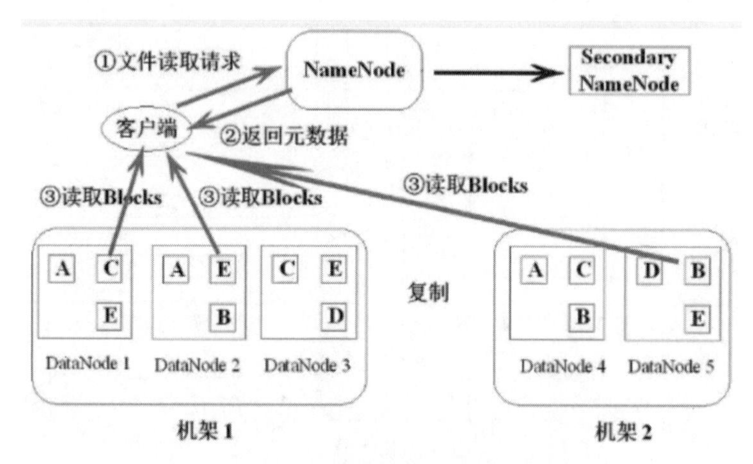

图 4-9

4.4.2 通过 HDFS 写入文件

HDFS 在写入文件的时候，需要完成如下流程，如图 4-10 所示。

(1) 首先客户端 HDFS Client 创建一个 Distributed FileSystem 向 NameNode 请求上传文件。

(2) 然后 NameNode 检查目录树是否可以创建文件(检查权限是否允许上传，检查目录结构是否存在)。当都通过的时候响应客户端，反馈可以上传文件。

(3) 客户端接收到可以上传文件的允许后，向 NameNode 请求上传第一个 Block，上传到哪几个 DataNode。

(4) NameNode 进行计算，选择副本存储节点，第一个选择的是本地节点，第二个选择的是其他机架的一个节点，第三个是其他机架的另一个节点(默认 3 个副本存储节点)，并把这 3 个节点返回给客户端(dn1、dn2、dn3)。

(5) 客户端拿到这 3 个节点后，创建一个流，向离得最近的一个节点(dn1)请求建立 Block 传输通道，而最近的节点(dn1)会向另外的节点(dn2)请求建立通道，另外的节点(dn2)会向第 3 个节点请求传输通道(dn3)。

(6) 3 个节点接收到请求建立通道后，逐一应答客户端。

(7) 客户端开始往 dn1 上传第一个 Block(先从磁盘读取数据放到一个本地内存缓存)，以 packet 为单位，dn1 收到一个 packet 后就会传给 dn2，dn2 传给 dn3；dn1 每传一个 packet 会放入一个应答队列等待应答。

(8) 当一个 Block 传输完成之后，客户端再次请求 NameNode 上传第二个 Block 的服务器。(重复执行第(3)~(7)步)。

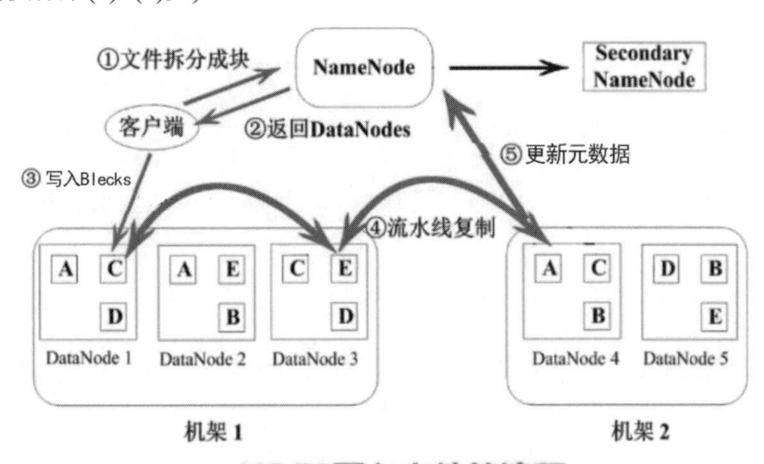

图 4-10

以下是写入使用 HDFS 的 JAVA API 实现的文件写入功能：

```
package com.svse.test;
/**
 * Hadoop HDFS JAVA API 操作
 * @author ww22002
 *
 */

import java.io.BufferedInputStream;
import java.io.File;
import java.io.FileInputStream;
import java.io.FileNotFoundException;
import java.io.IOException;
import java.io.InputStream;
import java.net.URI;
import java.net.URISyntaxException;

import org.apache.commons.math3.ode.ODEIntegrator;
import org.apache.hadoop.conf.Configuration;
import org.apache.hadoop.fs.FSDataInputStream;
import org.apache.hadoop.fs.FSDataOutputStream;
import org.apache.hadoop.fs.FileStatus;
```

```
import org.apache.hadoop.fs.FileSystem;
import org.apache.hadoop.fs.Path;
import org.apache.hadoop.io.IOUtils;
import org.apache.hadoop.util.Progressable;

public class HadoopApp {
public static final String PATH = "hdfs://192.168.137.2:8020";
FileSystem fileSystem = null;
Configuration configuration = null;

public HadoopApp() throws IOException, URISyntaxException, InterruptedException {
configuration = new Configuration();
          fileSystem = FileSystem.get(new URI(PATH)， configuration, "hadoop01");
}

/**
 * 创建目录
 * @throws IOException
 * @throws IllegalArgumentException
 */
public void mkdir() throws IllegalArgumentException, IOException {
      fileSystem.mkdirs(new Path("/hdfsapi/test"));
}

/**
 * 创建文件并写入数据
 * @throws IllegalArgumentException
 * @throws IOException
 */
public void create() throws IllegalArgumentException, IOException {
      FSDataOutputStream os =fileSystem.create(new Path("/hdfsapi/test/test.txt"));
      os.write("hello hadoop".getBytes());
      os.flush();
      os.close();
}

/**
 * 查看 HDFS 内容
 * @throws IOException
 * @throws IllegalArgumentException
 */
public void cat() throws IllegalArgumentException, IOException {
      FSDataInputStream in = fileSystem.open(new Path("/hdfsapi/test/test.txt"));
      IOUtils.copyBytes(in, System.out, 1024);
      in.close();
}
```

```
/**
 * 重命名
 * @throws IOException
 */
public void rename() throws IOException {
    Path oldPath = new Path("/hdfsapi/test/test.txt");
    Path newPath = new Path("/hdfsapi/test/testA.txt");
    fileSystem.rename(oldPath, newPath);
}

/**
 * 上传文件到 HDFS
 * @throws IOException
 */
public void copyFromLocalFile() throws IOException {
    Path localPath = new Path("C:\\shopping\\img\\1.jpg");
    Path hdfsPath = new Path("/hdfsapi/test/");
    fileSystem.copyFromLocalFile(localPath, hdfsPath);
}

/**
 * 带进度条的上传
 * @throws IOException
 */
public void copyFromLocalFileWithProgress() throws IOException {
InputStream in = new BufferedInputStream(new FileInputStream(new File("C:\\shopping\\img\\1.jpg")));

    FSDataOutputStream output = fileSystem.create(new Path("/hdfsapi/test/2.jpg"), new Progressable()
{

        @Override
        public void progress() {
            System.out.println(".");
        }
    });

    IOUtils.copyBytes(in, output, 4096);
}

/**
 * 从 HDFS 下载文件
 * @throws IOException
 */
public void copyToLocalFile() throws IOException {
    Path hfdsPath = new Path("/hdfsapi/test/1.jpg");
    Path localPath = new Path("d：/");
    fileSystem.copyToLocalFile(false, hfdsPath, localPath, true);
```

```
}

/**
 * HDFS 文件列表
 * @throws IOException
 * @throws IllegalArgumentException
 * @throws FileNotFoundException
 */
public void listFile() throws FileNotFoundException, IllegalArgumentException, IOException {
        FileStatus[] fs = fileSystem.listStatus(new Path("/hdfsapi/test/"));
        for (FileStatus fileStatus：fs) {
                String isDir = fileStatus.isDirectory()?"文件夹"："文件";
                short replication = fileStatus.getReplication();
                long len = fileStatus.getLen();
                String path = fileStatus.getPath().toString();
                System.out.println(isDir+"\t"+replication+"\t"+len+"\t"+path);
        }
}

/**
 * 删除文件
 * @throws IOException
 * @throws IllegalArgumentException
 */
public void delete() throws IllegalArgumentException, IOException {
        fileSystem.delete(new Path("/hdfsapi/test/1.jpg"), true);
}

public static void main(String[] args) throws IOException, URISyntaxException, InterruptedException {
        /*
         * Caused by：org.apache.hadoop.ipc.RemoteException
         * (org.apache.hadoop.security.AccessControlException)：Permission denied：user=ww22002，
         * access=WRITE, inode="/"：hadoop01：supergroup：drwxr-xr-x
         * 该异常说明 Hadoop 用户没有指定需要在 get()方法的第 3 个参数指定
         * FileSystem.get(new URI(PATH)，configuration，hadoop 用户)
         */
        /*
         * java.io.IOException：Could not locate executable
         * null\bin\winutils.exe in the Hadoop binaries.
         * 该异常可以忽略
         */
        HadoopApp app = new HadoopApp();
        app.mkdir();
//              app.create();
//              app.cat();
//              app.rename();
//              app.copyFromLocalFile();
```

```
//          app.copyToLocalFile();
//          app.listFile();
//          app.delete();
    }
}
```

4.5 HDFS 的基本文件操作

前面已经学习了 Hadoop 的伪分布式安装，也了解了 Hadoop 的核心 HDFS 的架构及原理，接下来我们就来了解对 HDFS 的基本操作。

首先，需要切换到 bin 目录下执行 Hadoop 命令。如果已经设置好了环境变量，则可以直接使用 Hadoop 命令。

4.5.1 -help [cmd]

即显示命令的帮助信息。获取所有命令的帮助信息，如图 4-11 所示。

```
hadoop01@master sbin]$ hadoop fs -help
sage: hadoop fs [generic options]
        [-appendToFile <localsrc> ... <dst>]
        [-cat [-ignoreCrc] <src> ...]
        [-checksum <src> ...]
        [-chgrp [-R] GROUP PATH...]
        [-chmod [-R] <MODE[,MODE]... | OCTALMODE> PATH...]
        [-chown [-R] [OWNER][:[GROUP]] PATH...]
        [-copyFromLocal [-f] [-p] [-l] <localsrc> ... <dst>]
        [-copyToLocal [-p] [-ignoreCrc] [-crc] <src> ... <localdst>]
```

图 4-11

获取某个命令的帮助信息，如图 4-12 所示。

```
[hadoop01@master sbin]$ hadoop fs -help ls
-ls [-d] [-h] [-R] [<path> ...] :
  List the contents that match the specified file pattern. If path is not
  specified, the contents of /user/<currentUser> will be listed. Directory en
tries
  are of the form:
        permissions - userId groupId sizeOfDirectory(in bytes)
  modificationDate(yyyy-MM-dd HH:mm) directoryName

  and file entries are of the form:
        permissions numberOfReplicas userId groupId sizeOfFile(in bytes)
  modificationDate(yyyy-MM-dd HH:mm) fileName


  -d  Directories are listed as plain files.

  -h  Formats the sizes of files in a human-readable fashion rather than a nu
mber
      of bytes.

  -R  Recursively list the contents of directories.
```

图 4-12

4.5.2 -mkdir <path>

即创建文件夹。在文件系统中创建文件，如图 4-13 所示。

```
[hadoop01@master bin]$ ./hadoop fs -mkdir /hadoop01
18/07/18 15:14:27 WARN util.NativeCodeLoader: Unable to load native-hadoop li
brary for your platform... using builtin-java classes where applicable
```

图 4-13

结果如图 4-14 所示。

Browse Directory

Path does not exist on HDFS or WebHDFS is disabled. Please check your path or enable WebHDFS

/ Go!

Permission	Owner	Group	Size	Last Modified	Replication	Block Size	Name
drwxr-xr-x	hadoop01	supergroup	0 B	Wed Jul 18 15:14:29 +0800 2018	0	0 B	hadoop01
drwxr-xr-x	hadoop01	supergroup	0 B	Wed Jul 18 15:05:49 +0800 2018	0	0 B	user

图 4-14

4.5.3 -ls(r) <path>

即显示当前目录下所有文件，path 是 Hadoop 下的路径。显示文件系统中的当前目录，如图 4-15 所示。

```
[hadoop01@master bin]$ ./hadoop fs -ls /
18/07/18 15:16:01 WARN util.NativeCodeLoader: Unable to load native-hadoop li
brary for your platform... using builtin-java classes where applicable
Found 2 items
drwxr-xr-x   - hadoop01 supergroup          0 2018-07-18 15:14 /hadoop01
drwxr-xr-x   - hadoop01 supergroup          0 2018-07-18 15:05 /user
```

图 4-15

4.5.4 -put <localsrc> <dst>

将本地文件复制到 HDFS。显示当前目录的文件，如图 4-16 所示。

```
[hadoop01@master bin]$ ll
总用量 84
-rwxr-xr-x. 1 1106 4001  5509 3月  24 2016 hadoop
-rwxr-xr-x. 1 1106 4001  8298 3月  24 2016 hadoop.cmd
-rwxr-xr-x. 1 1106 4001 12175 3月  24 2016 hdfs
-rwxr-xr-x. 1 1106 4001  6915 3月  24 2016 hdfs.cmd
-rwxr-xr-x. 1 1106 4001  5463 3月  24 2016 mapred
-rwxr-xr-x. 1 1106 4001  5949 3月  24 2016 mapred.cmd
-rwxr-xr-x. 1 1106 4001  1776 3月  24 2016 rcc
-rwxr-xr-x. 1 1106 4001 12176 3月  24 2016 yarn
-rwxr-xr-x. 1 1106 4001 10895 3月  24 2016 yarn.cmd
[hadoop01@master bin]$ ./hadoop fs -put hadoop.cmd /hadoop01
18/07/18 15:18:26 WARN util.NativeCodeLoader: Unable to load native-hadoop li
brary for your platform... using builtin-java classes where applicable
[hadoop01@master bin]$ ./hadoop fs -ls /hadoop01
18/07/18 15:19:06 WARN util.NativeCodeLoader: Unable to load native-hadoop li
brary for your platform... using builtin-java classes where applicable
Found 1 items
-rw-r--r--   3 hadoop01 supergroup       8298 2018-07-18 15:18 /hadoop01/hado
op.cmd
```

图 4-16

上传完毕观察文件的块信息，发现只有一个 Block0 块，因为只有一个 DataNode 节点，如图 4-17 所示。

图 4-17

如果在上传文件过程中出现如图 4-18 所示的信息，表示操作 HDFS 的权限不够，可以在 Hadoop 配置文件的 hdfs-site.xml 中设置权限为 false，如图 4-19 所示。

```
[hadoop01@master bin]$ sudo ./hadoop fs -put ~/下载/software/hadoop-2.6.0-cdh
5.7.0.tar.gz  /hadoop01
[sudo] password for hadoop01:
18/07/18 15:22:32 WARN util.NativeCodeLoader: Unable to load native-hadoop li
brary for your platform... using builtin-java classes where applicable
put: Permission denied: user=root, access=WRITE, inode="/hadoop01":hadoop01:s
upergroup:drwxr-xr-x
```

图 4-18

```
<property>
        <name>dfs.premissions.enabled</name>
        <value>false</value>
</property>
```

图 4-19

上传新文件到“hadoop01”目录，如图 4-20 所示。为什么是两个块？思考一下。如图 4-21 和图 4-22 所示。

```
[hadoop01@master bin]$ sudo ./hadoop fs -put ~/下载/software/jdk7u79linuxx64.
tar.gz  /hadoop01
[sudo] password for hadoop01:
18/07/18 15:53:23 WARN util.NativeCodeLoader: Unable to load native-hadoop li
brary for your platform... using builtin-java classes where applicable
```

图 4-20

Browse Directory

/hadoop01 Go!

Permission	Owner	Group	Size	Last Modified	Replication	Block Size	Name
-rw-r--r--	hadoop01	supergroup	8.1 KB	Wed Jul 18 15:18:28 +0800 2018	3	128 MB	hadoop.cmd
-rw-r--r--	root	supergroup	146.4 MB	Wed Jul 18 15:53:28 +0800 2018	3	128 MB	jdk7u79linuxx64.tar.gz

图 4-21

图 4-22

4.5.5 -du(s) <path>

即显示目录中所有文件的大小。显示“hadoop01”目录下所有文件的大小，如图 4-23 所示。

```
[hadoop01@master bin]$ ./hadoop fs -du /hadoop01
18/07/18 16:04:02 WARN util.NativeCodeLoader: Unable to load native-hadoop li
brary for your platform... using builtin-java classes where applicable
8298        24894       /hadoop01/hadoop.cmd
153512879   460538637   /hadoop01/jdk7u79linuxx64.tar.gz
```

图 4-23

4.5.6　-count[-q] <path>

即显示目录中的文件数量。显示“hadoop01”目录下所有文件的数量，如图 4-24 所示。

```
[hadoop01@master bin]$ ./hadoop fs -count /hadoop01
18/07/18 16:04:29 WARN util.NativeCodeLoader: Unable to load native-hadoop li
brary for your platform... using builtin-java classes where applicable
           1            2          153521177 /hadoop01
```

图 4-24

4.5.7　-mv <src> <dst>

移动多个文件到目标目录。移动“hadoop01”目录下的“hadoop.cmd”文件到当前目录，如图 4-25 所示。

```
[hadoop01@master bin]$ ./hadoop fs -ls /hadoop01
18/07/18 16:05:22 WARN util.NativeCodeLoader: Unable to load native-hadoop li
brary for your platform... using builtin-java classes where applicable
Found 2 items
-rw-r--r--   3 hadoop01 supergroup       8298 2018-07-18 15:18 /hadoop01/hado
op.cmd
-rw-r--r--   3 root     supergroup  153512879 2018-07-18 15:53 /hadoop01/jdk7
u79linuxx64.tar.gz
[hadoop01@master bin]$ ./hadoop fs -mv /hadoop01/hadoop.cmd /
18/07/18 16:05:54 WARN util.NativeCodeLoader: Unable to load native-hadoop li
brary for your platform... using builtin-java classes where applicable
[hadoop01@master bin]$ ./hadoop fs -ls /
18/07/18 16:06:04 WARN util.NativeCodeLoader: Unable to load native-hadoop li
brary for your platform... using builtin-java classes where applicable
Found 3 items
-rw-r--r--   3 hadoop01 supergroup       8298 2018-07-18 15:18 /hadoop.cmd
drwxrwxrwx   - hadoop01 supergroup          0 2018-07-18 16:05 /hadoop01
drwxr-xr-x   - hadoop01 supergroup          0 2018-07-18 15:05 /user
```

图 4-25

4.5.8　-cp <src> <dst>

指复制多个文件到目标目录。复制根目录下“hadoop.cmd”文件到根目录，并命名为“hadoop01.cmd”，如图 4-26 所示。

```
[hadoop01@master bin]$ ./hadoop fs -ls /
18/07/18 16:07:58 WARN util.NativeCodeLoader: Unable to load native-hadoop li
brary for your platform... using builtin-java classes where applicable
Found 3 items
-rw-r--r--   3 hadoop01 supergroup       8298 2018-07-18 15:18 /hadoop.cmd
drwxrwxrwx   - hadoop01 supergroup          0 2018-07-18 16:05 /hadoop01
drwxr-xr-x   - hadoop01 supergroup          0 2018-07-18 15:05 /user
[hadoop01@master bin]$ ./hadoop fs -cp /hadoop.cmd /hadoop01.cmd
18/07/18 16:08:19 WARN util.NativeCodeLoader: Unable to load native-hadoop li
brary for your platform... using builtin-java classes where applicable
[hadoop01@master bin]$ ./hadoop fs -ls /
18/07/18 16:08:26 WARN util.NativeCodeLoader: Unable to load native-hadoop li
brary for your platform... using builtin-java classes where applicable
Found 4 items
-rw-r--r--   3 hadoop01 supergroup       8298 2018-07-18 15:18 /hadoop.cmd
drwxrwxrwx   - hadoop01 supergroup          0 2018-07-18 16:05 /hadoop01
-rw-r--r--   3 hadoop01 supergroup       8298 2018-07-18 16:08 /hadoop01.cmd
drwxr-xr-x   - hadoop01 supergroup          0 2018-07-18 15:05 /user
```

图 4-26

4.5.9　-rm(r)

删除文件(夹)。删除当前目录下的“hadoop.cmd”文件，如图 4-27 所示。

```
[hadoop01@master bin]$ ./hadoop fs -ls /
18/07/19 13:48:44 WARN util.NativeCodeLoader: Unable to load native-hadoop li
brary for your platform... using builtin-java classes where applicable
Found 4 items
-rw-r--r--   3 hadoop01 supergroup       8298 2018-07-18 15:18 /hadoop.cmd
drwxrwxrwx   - hadoop01 supergroup          0 2018-07-18 16:05 /hadoop01
-rw-r--r--   3 hadoop01 supergroup       8298 2018-07-18 16:08 /hadoop01.cmd
drwxr-xr-x   - hadoop01 supergroup          0 2018-07-18 15:05 /user
[hadoop01@master bin]$ ./hadoop fs -rm /hadoop01.cmd
18/07/19 13:49:01 WARN util.NativeCodeLoader: Unable to load native-hadoop li
brary for your platform... using builtin-java classes where applicable
Deleted /hadoop01.cmd
[hadoop01@master bin]$ ./hadoop fs -ls /
18/07/19 13:49:07 WARN util.NativeCodeLoader: Unable to load native-hadoop li
brary for your platform... using builtin-java classes where applicable
Found 3 items
-rw-r--r--   3 hadoop01 supergroup       8298 2018-07-18 15:18 /hadoop.cmd
drwxrwxrwx   - hadoop01 supergroup          0 2018-07-18 16:05 /hadoop01
drwxr-xr-x   - hadoop01 supergroup          0 2018-07-18 15:05 /user
```

图 4-27

4.5.10　-moveFromLocal<localsrc><dest>/-moveToLocal<dest><localscr>

从本地文件移动到 hdfs 或从 hdfs 把文件移动到本地。移动本地文件“hadoop01.cmd”到 hdfs 文件系统的根目录下，如图 4-28 所示。

```
[hadoop01@master bin]$ ./hadoop fs -moveFromLocal hadoop01.cmd /
18/07/19 13:58:38 WARN util.NativeCodeLoader: Unable to load native-hadoop li
brary for your platform... using builtin-java classes where applicable
moveFromLocal: remove `hadoop01.cmd': Input/output error
[hadoop01@master bin]$ ll
总用量 96
-rwxr-xr-x. 1 1106 4001  5509 3月  24 2016 hadoop
-rwxr-xr-x. 1 root root  8298 7月  19 13:49 hadoop01.cmd
-rwxr-xr-x. 1 1106 4001  8298 3月  24 2016 hadoop.cmd
-rwxr-xr-x. 1 1106 4001 12175 3月  24 2016 hdfs
-rwxr-xr-x. 1 1106 4001  6915 3月  24 2016 hdfs.cmd
-rwxr-xr-x. 1 1106 4001  5463 3月  24 2016 mapred
-rwxr-xr-x. 1 1106 4001  5949 3月  24 2016 mapred.cmd
-rwxr-xr-x. 1 1106 4001  1776 3月  24 2016 rcc
-rwxr-xr-x. 1 1106 4001 12176 3月  24 2016 yarn
-rwxr-xr-x. 1 1106 4001 10895 3月  24 2016 yarn.cmd
[hadoop01@master bin]$ ./hadoop fs -ls /
18/07/19 13:58:49 WARN util.NativeCodeLoader: Unable to load native-hadoop li
brary for your platform... using builtin-java classes where applicable
Found 4 items
-rw-r--r--   3 hadoop01 supergroup       8298 2018-07-18 15:18 /hadoop.cmd
drwxrwxrwx   - hadoop01 supergroup          0 2018-07-18 16:05 /hadoop01
-rw-r--r--   3 hadoop01 supergroup       8298 2018-07-19 13:58 /hadoop01.cmd
drwxr-xr-x   - hadoop01 supergroup          0 2018-07-18 15:05 /user
```

图 4-28

4.5.11　-get [-ignorecrc] <src> <localdst>

复制文件到本地，可以忽略 crc 校验。复制 hdfs 文件系统根目录下的“hadoop01.cmd”

文件到本地当前目录，如图 4-29 所示。

```
[hadoop01@master bin]$ sudo ./hadoop fs -get /hadoop01.cmd
18/07/19 14:01:33 WARN util.NativeCodeLoader: Unable to load native-hadoop library for
ses where applicable
[hadoop01@master bin]$ ll
总用量 96
-rwxr-xr-x. 1 1106 4001  5509 3月  24 2016 hadoop
-rw-r--r--. 1 root root  8298 7月  19 14:01 hadoop01.cmd
-rwxr-xr-x. 1 1106 4001  8298 3月  24 2016 hadoop.cmd
-rwxr-xr-x. 1 1106 4001 12175 3月  24 2016 hdfs
-rwxr-xr-x. 1 1106 4001  6915 3月  24 2016 hdfs.cmd
-rwxr-xr-x. 1 1106 4001  5463 3月  24 2016 mapred
-rwxr-xr-x. 1 1106 4001  5949 3月  24 2016 mapred.cmd
-rwxr-xr-x. 1 1106 4001  1776 3月  24 2016 rcc
-rwxr-xr-x. 1 1106 4001 12176 3月  24 2016 yarn
-rwxr-xr-x. 1 1106 4001 10895 3月  24 2016 yarn.cmd
```

图 4-29

4.5.12　-cat <src>

在终端显示文件内容。显示 hfds 文件系统根目录下的“hadoop.cmd”文件中的内容，如图 4-30 所示。

```
[hadoop01@master bin]$ ./hadoop fs -cat /hadoop.cmd
18/07/19 14:03:02 WARN util.NativeCodeLoader: Unable to load native-hadoop library for yo
ses where applicable
@echo off
@rem Licensed to the Apache Software Foundation (ASF) under one or more
@rem contributor license agreements.  See the NOTICE file distributed with
@rem this work for additional information regarding copyright ownership.
@rem The ASF licenses this file to You under the Apache License, Version 2.0
@rem (the "License"); you may not use this file except in compliance with
@rem the License.  You may obtain a copy of the License at
@rem
```

图 4-30

HDFS 中的相关命令还有很多，整个命令的形式和 Linux 的命令相似，具体使用方法可以使用“-help”命令进行查看。

- HDFS 概述以及设计目标
- HDFS 架构
- HDFS 副本机制
- HDFS 读取文件和写入文件
- HDFS 的基本文件操作

单元自测

选择题

1. HDFS 中的 block 默认保存(　　)份。

A. 3　　B. 2

C. 1　　D. 不确定

2. 关于 SecondaryNameNode，(　　)是正确的。

A. 它是 NameNode 的热备

B. 它对内存没有要求

C. 它的目的是帮助 NameNode 合并编辑日志，减少 NameNode 启动时间

D. SecondaryNameNode 应与 NameNode 部署到一个节点

3. 下列(　　)通常是集群的最主要的性能瓶颈。

A. CPU　　B. 网络

C. 磁盘　　D. 内存

4. 下列(　　)是集群的最主要组件。

A. NameNode　　B. Jobtracker

C. DataNode　　D. SecondaryNameNode

5. NameNode 通过机制(　　)知道 DataNode 是活动的。

A. 有源脉冲　　B. 无源脉冲

C. 心跳　　D. H-信号

问答题

1. 描述 HDFS 架构中 NameNode、DataNode、SecondaryNameNode 结点的基本作用。
2. 描述 HDFS 中读取文件和写入文件的过程。
3. HDFS 操作有哪几种形式？

上机题

使用 HDFS 的 Shell 操作方式，完成以下操作：

(1) 在本地创建文件 read.txt 并填入任意内容。

(2) 上传 read.txt 到 HDFS 的根目录。

(3) 在 HDFS 上创建 content 目录和 contentback 目录。

(4) 把 HDFS 根目录中的 read.txt 移到 content 目录中。

(5) 把 content 目录中的 read.txt 文件备份到 contentback 目录并改名为 readback.txt。

(6) 下载 content 目录中的 read.txt 文件到本地。

(7) 删除 HDFS 中的 content 目录以及目录中的 read.txt 文件。

MapReduce计算框架详解

课程目标

❖ 认识 MapReduce 技术框架

❖ 了解 MapReduce 编程思想

❖ 掌握 MapReduce 执行流程

❖ 实现 Java 版 wordcount 功能

❖ 掌握 Combiner 应用程序开发

❖ 掌握 Partitioner 应用程序开发

简介

MapReduce 将复杂的、运行于大规模集群上的并行计算过程高度抽象到了两个函数：Map 和 Reduce。它采用“分而治之”策略，存储在分布式文件系统中的大规模数据集，会被切分成许多独立的分片(split)，这些分片可以被多个 Map 任务并行处理。

5.1 认识 MapReduce

5.1.1 什么是 MapReduce

在前面的单元四中我们已经学习了 Hadoop 的核心技术之一的 HDFS 分布式文件系统。Hadoop 核心由两个部分组成。除了前面学习的 HDFS 外，另一个部分就是 MapReduce 分布式计算框架。

Hadoop MapReduce 是一个软件框架，用于轻松编写应用程序，这些应用程序以可靠、容错的方式在大型集群(数千个节点)上并行处理大量数据(多个 TB 数据集)。

MapReduce 作业通常将输入数据集拆分为独立的块，这些块由映射任务以完全并行的方式处理。该框架对映射的输出进行排序，然后将其输入到 reduce 任务中。通常，作业的输入和输出都存储在文件系统中。该框架负责调度任务、监视任务并重新执行失败的任务。

通常，计算节点和存储节点是相同的，也就是说，MapReduce 框架和 Hadoop 分布式文件系统(HDFS)运行在同一组节点上。这种配置允许框架在已经存在数据的节点上有效地调度任务，从而在整个集群中获得非常高的聚合带宽。

简单地说，MapReduce 分布式计算框架屏蔽了分布式计算底层的复制计算，将一个数据处理过程抽象成的 Map(映射)与 Reduce(归并)两步，通过提供固定的编程模式，轻松使用计算实现分布式，并在 Hadoop 上运行。

5.1.2 MapReduce 的特点

MapReduce 是一个并行程序设计模型与方法。它借助函数式程序设计语言 Lisp 的设计思想，提供了一种简便的并行程序设计方法，用 Map 和 Reduce 两个函数编程实现基本的并行计算任务，提供了抽象的操作和并行编程接口，简单方便地完成大规模数据的编程和计算处理。

MapReduce 的编程具有以下特点：

(1) 开发相对简单

得益于 MapReduce 的编程模型，用户可以不用考虑进程间通信、套接字编程，无需非常高深的技巧，只需要实现一些简单的逻辑，其他的交由 MapReduce 计算框架去完成，大大简化了分布式程序的编程难度。

(2) 可扩展性强

同 HDFS 一样，当集群资源不能满足计算需求时，可以通过增加节点的方式达到线性扩展集群的目的。

(3) 容错性强

对于节点故障导致的作业失败，MapReduce 计算框架会自动将作业安排到健康节点重新执行，直到任务完成，而这些，对于用户来说是透明的。

5.2 MapReduce 编程思想

5.2.1 MapReduce 编程模型

如图 5-1 所示，百度搜索框中的提示信息的顺序为，被搜索次数最多的词在最上面。这是一个类似词频排序的功能，按搜索词的次数进行由多到少的排序。

图 5-1

在分布式运算 MapReduce 当中是如何计算词频的？接下来先来看看 MapReduce 的编程思想，如图 5-2 所示。

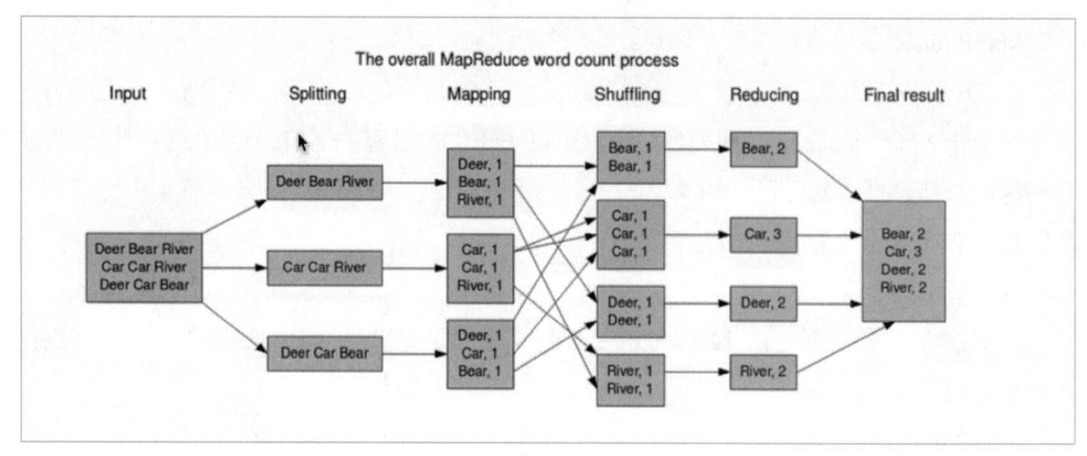

图 5-2

MapReduce 分布式运算框架对 wordcount 进行运算的过程可以分为 6 个阶段。

(1) input(输入)

从 HDFS 文件系统中输入一个文件(一般都是容量较大的 GB、TB 文件)，类似上图中的一个文本，包含的内容有 3 行英文(3 行只是模拟数据，可以想成这是一个 GB 或者 TB 的文件，原理是一样的)。

目的是求输入文件的词频个数。

(2) splitting(拆分)

首先根据一些特定的规则，把一个文件拆分成 3 个块，由于是分布式计算系统，所以会分配 3 个作业并行处理这 3 个块。

(3) mapping(映射)

接下来每个任务按照指定的分隔符(例如：空格)对每个文件进行拆分，拆分成一个个的单词，每个单词附上一个“1”表示当前任务中每个单词的数量，每个任务都会进行同样的操作。这个时候我们只能知道每个任务中每个单词出现“1”的次数，无法知道每个单词的总数量，因为要计算总数量需要对每个任务、每个单词的“1”的数量进行统计，这个时候就需要进行 Shuffling 操作。

(4) shuffling(清洗)

shuffling 的过程中会把每个任务中相同的单词分到同一个节点(同一个机器)上。

(5) reducing(计算)

reducing 的过程会把每个节点上的同一个单词出现的次数进行求和，在每个节点上得到不同单词的总数量。

(6) final result(结果)

指把每个节点上所有的计算结果进行合并，并输出到一个文件中再次保存到 HDFS 的文件系统中。

总结一下 MapReduce 的编程思想。第一步将数据抽象为键值对的形式，接着 map 函数会以键值对作为输入，经过 map 函数的处理，产生一系列新的键值对作为中间结果输出到本地。MapReduce 计算框架会自动将这些中间结果数据按照键做聚合处理，并将键相同的数据分发给 reduce 函数处理(用户可以设置分发规则)。reduce 函数以键和对应的值的集合作为输入，经过 reduce 函数的处理，产生一系列键值对作为最终输出。

其过程如下所示：

```
{Key1,Value1} {Key2, List<Value2>} {Key3, Value3}
```

5.3 MapReduce 执行流程

5.3.1 MapReduce 流程分解

前面用一个 wordcount 的案例讲解了 MapReduce 的基本执行原理，接下来我们用更专业的角度来分析 MapReduce 的执行流程。

在 MapReduce 的过程中，一个作业被分为 Map 和 Reduce 计算两个阶段，它们分别由一个或者多个 Map 任务和 Reduce 任务组成。

Map 任务又分为 put、map、combine 三个阶段。其中，combine 阶段并不一定发生；Reduce 任务又分为 reduce 和 output 两个阶段。map 输出的中间结果被分发到 reduce 的过程称为 shuffle(数据混洗)，如图 5-3 所示。

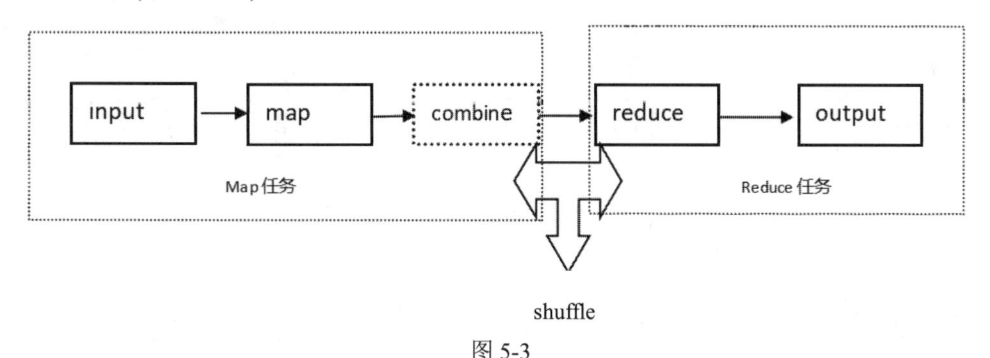

图 5-3

(1) Map 任务

Map 任务的执行过程可以概括为：首先通过指定的方式将输入文件切片并解析成键值对作为 map 函数的输入，然后 map 函数经过处理后输入，将中间结果交给指定的 Partitioner 处理，确保中间结果分发到指定的 Reduce 任务处理。此刻如果用户指定了 Combiner，将执行 combine 操作。最后 map 函数将中间结果保存到本地。

(2) Reduce 任务

Reduce 任务的执行过程可概括为：首先需要将已经完成的 Map 任务的中间结果复制到 Reduce 任务所在的节点，待数据复制完成后，再以键进行排序，将所有键相同的数据交给 reduce 函数处理，处理完成后，结果直接输出到 HDFS 上。

5.3.2　MapReduce 详解

下面从代码角度看一张更细致的图，来更详细地了解完整的 MapReduce 流程，如图 5-4 所示。

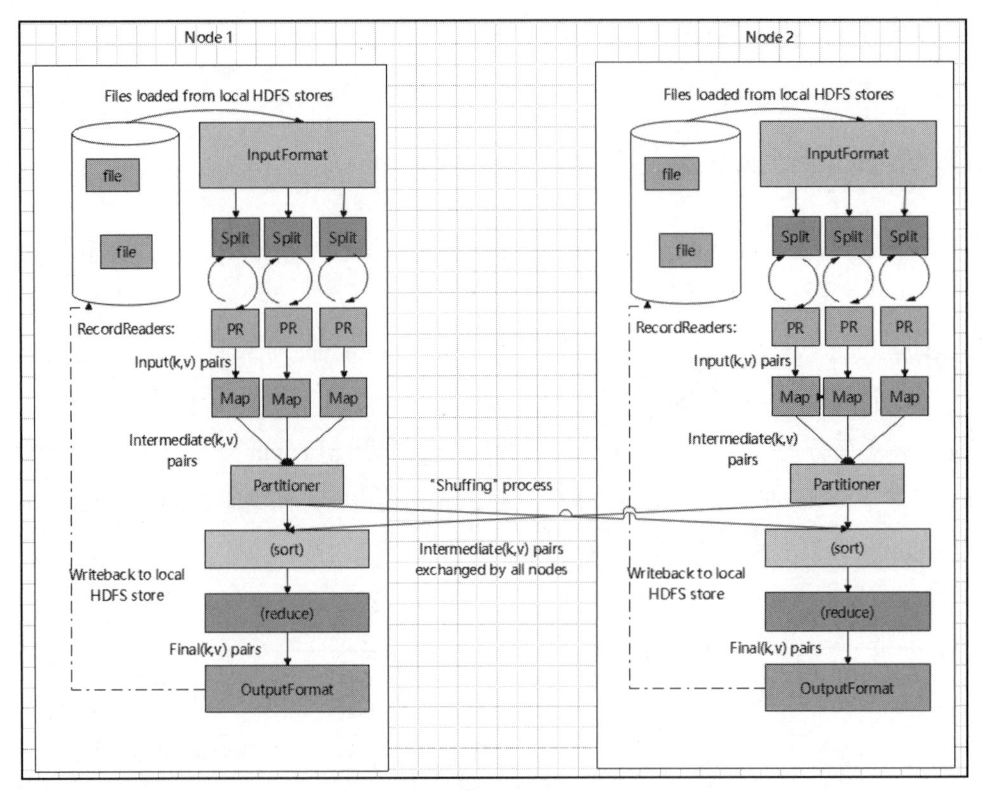

图 5-4

(1) 首先一个作业从本地或者 HDFS 文件系统中读入文件，交由 InputFormat 类进行处理，InputFormat 类中有一个 getSplits()方法，会将输入文件分割成多个 Split，每个 Split 交由一个 MapTask 处理；另外一个方法 getRecordReader()，读取每一个 Split 的内容，如图 5-5 所示。

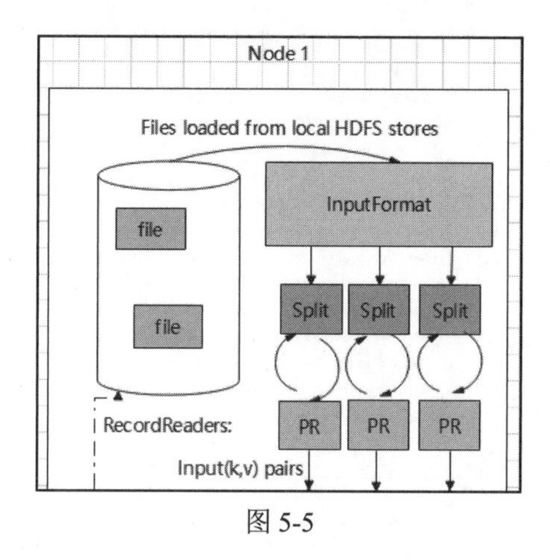

图 5-5

(2) RR(RecordReaders)每读入一行文件就交由一个 map 来进行处理，如图 5-6 所示。

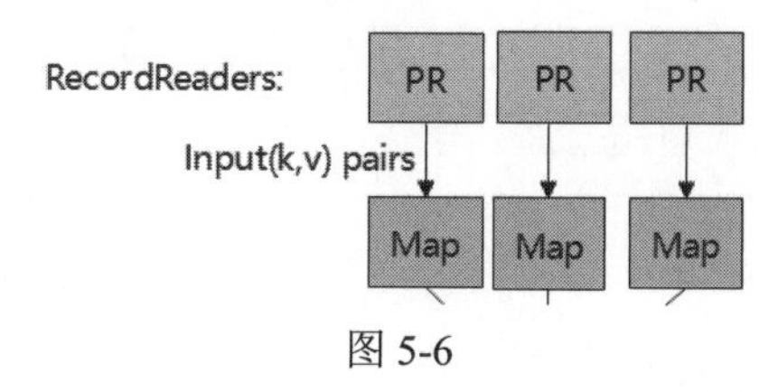

图 5-6

(3) 所有的 map 进行 Partitioner 处理，相同的 key 根据对应的规则进行分组(sort)。

(4) 分组(sort)后结果相同的 key-value 交由 reduce 进行处理。

(5) 最后通过 OutPutFormat 类中的 getRecordWriter()方法把记录结果写出到本地或者 HDFS 中。

5.4 Java 版中 wordcount 功能的实现

我们已经了解了 MapReduce 的分布式计算原理，在前面的单元中我们也使用 Hadoop 自带的 wordcount.jar 任务通过 MapReduce 进行计算，接下来，我们就自己尝试编写 wordcount 的实现，Hadoop 中的 wordcount 相当于 Java 中的 helloworld，当掌握了 wordcount 的编写思路，其实就掌握了 MapReduce 编程的核心知识。

5.4.1 wordcount 编程实现

(1) 新建项目，导入所需 jar 包，如图 5-7 所示。

activation-1.1.jar
apacheds-i18n-2.0.0-M15.jar
apacheds-kerberos-codec-2.0.0-M15.jar
api-asn1-api-1.0.0-M20.jar
api-util-1.0.0-M20.jar
asm-3.2.jar
avro-1.7.4.jar
commons-beanutils-1.7.0.jar
commons-beanutils-core-1.8.0.jar
commons-cli-1.2.jar
commons-codec-1.4.jar
commons-collections-3.2.1.jar
commons-compress-1.4.1.jar
commons-configuration-1.6.jar
commons-digester-1.8.jar
commons-el-1.0.jar
commons-httpclient-3.1.jar
commons-io-2.4.jar
commons-lang-2.6.jar
commons-logging-1.1.3.jar
commons-math3-3.1.1.jar
commons-net-3.1.jar
curator-client-2.6.0.jar
curator-framework-2.6.0.jar
curator-recipes-2.6.0.jar
gson-2.2.4.jar
guava-11.0.2.jar
hadoop-annotations-2.6.0.jar
hadoop-auth-2.6.0.jar
hadoop-common-2.6.0.jar
hadoop-hdfs-2.6.0.jar
hadoop-mapreduce-client-app-2.6.0.jar
hadoop-mapreduce-client-common-2.6.0.jar
hadoop-mapreduce-client-core-2.6.0.jar
hadoop-mapreduce-client-hs-2.6.0.jar
hadoop-mapreduce-client-hs-plugins-2.6.0.jar
hadoop-mapreduce-client-jobclient-2.6.0.jar
hadoop-mapreduce-client-jobclient-2.6.0-tests.jar
hadoop-mapreduce-client-shuffle-2.6.0.jar
hadoop-mapreduce-examples-2.6.0.jar
hadoop-yarn-api-2.6.0.jar
hadoop-yarn-applications-distributedshell-2.6.0.jar
hadoop-yarn-applications-unmanaged-am-launcher-2.6.0.jar
hadoop-yarn-client-2.6.0.jar
hadoop-yarn-common-2.6.0.jar
hadoop-yarn-registry-2.6.0.jar
hadoop-yarn-server-applicationhistoryservice-2.6.0.jar
hadoop-yarn-server-common-2.6.0.jar
hadoop-yarn-server-nodemanager-2.6.0.jar
hadoop-yarn-server-resourcemanager-2.6.0.jar
hadoop-yarn-server-tests-2.6.0.jar
hadoop-yarn-server-web-proxy-2.6.0.jar
hamcrest-core-1.3.jar
htrace-core-3.0.4.jar
httpclient-4.2.5.jar
httpcore-4.2.5.jar
jackson-core-asl-1.9.13.jar
jackson-jaxrs-1.9.13.jar
jackson-mapper-asl-1.9.13.j
jackson-xc-1.9.13.jar
jasper-compiler-5.5.23.jar
jasper-runtime-5.5.23.jar
java-xmlbuilder-0.4.jar
jaxb-api-2.2.2.jar
jaxb-impl-2.2.3-1.jar
jersey-core-1.9.jar
jersey-json-1.9.jar
jersey-server-1.9.jar
jets3t-0.9.0.jar
jettison-1.1.jar
jetty-6.1.26.jar
jetty-util-6.1.26.jar
jsch-0.1.42.jar
jsp-api-2.1.jar
jsr305-1.3.9.jar
junit-4.11.jar
log4j-1.2.17.jar
mockito-all-1.8.5.jar
netty-3.6.2.Final.jar
paranamer-2.3.jar
protobuf-java-2.5.0.jar

图 5-7

(2) 编写 WordCountMapper 类。

```
/**
*
* @author ww22002
*Map：用来读取输入的文件
*KEYIN：文件的偏移量(第一个偏移量是 0，第二个偏移量是 0+第一行的字符数)的类型
*VALUEIN：每一行内容的类型
*KEYOUT：输出的 key 的类型
*VALUEOUT：输出的 value 的类型
*/
public class WordCountMapper extends Mapper<LongWritable，Text，Text，IntWritable>{
/**
*
*/
@Override
protected void map(LongWritable key，Text value，Mapper<LongWritable，Text，Text，
        IntWritable>.Context context)throws IOException， InterruptedException {
//把接收到的每一个行数据转换成字符串
String line = value.toString();
//根据指定的分隔符进行拆分
String[] words = line.split(" ");
for (String word ： words) {
//通过上下文对象把 map 的处理结果输出
context.write(new Text(word)，new IntWritable(1));
}
```

```
    }
}
```

以上代码中的重点为：

```
public class WordCountMapper extends Mapper<KEYIN，VALUEIN，KEYOUT，VALUEOUT>
```

在编写类的时候需要继承Mapper父类，用来表示读取文件进行Mapper的过程(图5-8)，并且重写其中的map方法，在父类中需要定义一个泛型，含有4个设置内容，分别是KEYIN、VALUEIN、KEYOUT、VALUEOUT，分别表示：

- KEYIN：读入的每行文件开头的偏移量(第一个偏移量是0，第二个偏移量是0+第一行的字符数)的类型。
- VALUEIN：读入的每行文件内容的类型。
- KEYOUT：表示Mapper完毕后，输出的文件作为KEY的数据类型。
- VALUEOUT：表示Mapper完毕后，输出的文件作为VALUE的数据类型。

另外关于Text和LongWritable以及IntWritable的数据类型，是Hadoop对于Java基本数据类型的封装，原因是要在集群中进行数据分析和传递，基本数据需要能够实现序列化，而Java本身序列化的类是继承Serializable，但是这个接口的效率实在太低，不适合在集群中使用，所以Hadoop对Java的序列化进行了重新编写并提高了效率。

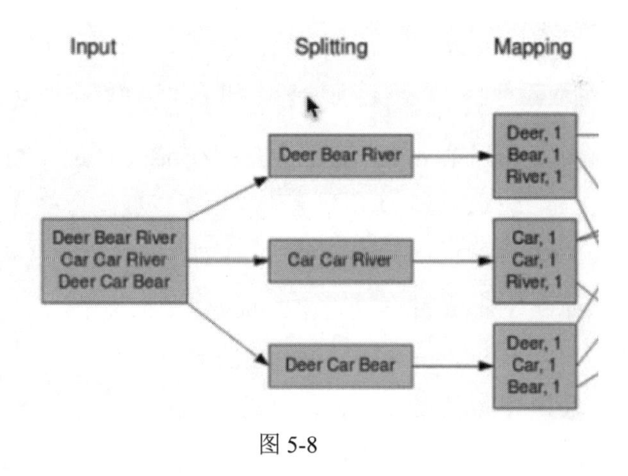

图5-8

(3) 编写WordCountReduce类。

```
/**
 *
 * @author ww22002 Reducer：归并操作 KEYIN和VALUEIN：正好是Map的输出数据的数据类型
    KEYOUT：输出的key的类型
 *  VALUEOUT：输出的value的类型
 */
public class WordCountReducer extends Reducer<Text, LongWritable, Text, LongWritable> {
```

```
    /**
     * 第一个参数表示从 Mapper 中传递过来的 key 数据的文件类型，对应 WordCountMapper 类中的
context.write(new Text(word), new IntWritable(1)) 中的第一个参数
     *
     * 第二个参数表示从 Mapper 中传递过来的所有 value 值的集合，对应 WordCountMapper 类中的
context.write(new Text(word), new IntWritable(1)) 中的第二个参数组成的集合
     */
    @Override
    protected void reduce(Text key，Iterable<LongWritable> values，
                Reducer<Text, LongWritable, Text, LongWritable>.Context context) throws IOException,
                        InterruptedException {
        // TODO Auto-generated method stub
        // TODO Auto-generated method stub
        // 累加器
        int sum = 0;
        // 遍历 values 集合，今天累加统计
        for (LongWritable value：values) {
            sum += value.get();
        }
        // 将最终统计结果通过上下文输出
        context.write(key, new LongWritable(sum));
    }
    }
```

以上代码中的重点：

```
public class WordCountReducer extends Reducer< KEYIN, VALUEIN, KEYOUT, VALUEOUT >
```

在编写类的时候需要继承 Reducer 父类，用来表示取文件进行 Mapper 的过程(图 5-9)，并且重写其中的 reduce 方法，在父类中需要定义一个泛型，含有 4 个设置内容，分别是 KEYIN、VALUEIN、KEYOUT、VALUEOUT，分别表示：

- KEYIN：表示从 Mapper 中传递过来的 key 的数据类型。
- VALUEIN： 表示从 Mapper 中传递过来的 value 值的数据类型。
- KEYOUT：表示 Reduce 完毕后，输出的文件作为 KEY 的数据类型。
- VALUEOUT：表示 Ruduce 完毕后，输出的文件作为 VALUE 的数据类型。

另外在重写的 reduce()方法中，第二参数是一个迭代器类型 Iterable<IntWritable> values，表示从 mapper 中传递过来的所有 value 值的集合，对应 WordCountMapper 类中的 context.write(new Text(word)，new IntWritable(1))中的第二个参数组成的集合。

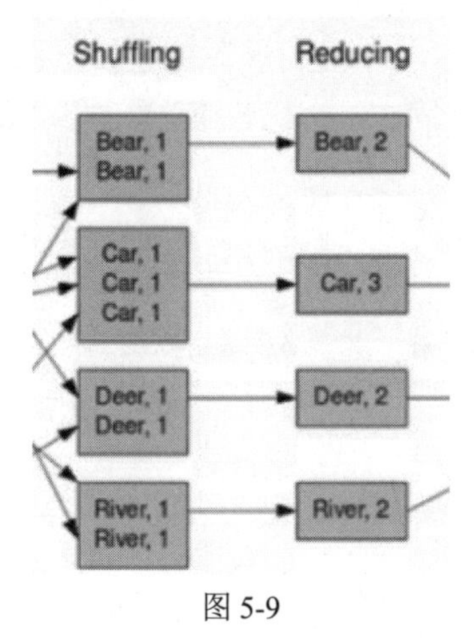

图 5-9

(4) 编写 WordCountSubmitter 类。

```
public class WordCountSubmitter {
private static final Path PATH = new Path("HDFS://192.168.137.2：8020/outputwordcount");
public static void main(String[] args) throws IllegalArgumentException, IOException,
        ClassNotFoundException, InterruptedException {
        // 创建 Configuration
        Configuration configuration = new Configuration();
        // 准备清理已存在的输出目录
        FileSystem fileSystem = FileSystem.get(configuration);
        if (fileSystem.exists(PATH)) {
            fileSystem.delete(PATH, true);
            System.out.println("output file exists, but is has deleted");
        }
        // 创建 Job
        Job job = Job.getInstance(configuration, "wordcount");
        // 设置 job 的处理类
        job.setJarByClass(WordCountSubmitter.class);
        // 设置作业处理的输入路径
        FileInputFormat.setInputPaths(job, new Path("HDFS://192.168.137.2:8020/README.txt"));
        // 设置 map 相关参数
        job.setMapperClass(WordCountMapper.class);
        job.setMapOutputKeyClass(Text.class);
        job.setMapOutputValueClass(LongWritable.class);
        // 设置 reduce 相关参数
        job.setReducerClass(WordCountReducer.class);
        job.setOutputKeyClass(Text.class);
        job.setOutputValueClass(LongWritable.class);
        // 设置作业处理的输出路径
        FileOutputFormat.setOutputPath(job，PATH);
        // 提交作业
        System.exit(job.waitForCompletion(true)？ 0:1);
}
}
```

(5) 在 Hadoop 中提交任务。

任务提交类的编写流程相对固定，也比较简单。

① 打包 jar 文件。

如果有 Maven，可以使用 Maven 进行打包操作；如果没有，可以使用 eclipse 自带的打包工具，如图 5-10~图 5-12 所示。

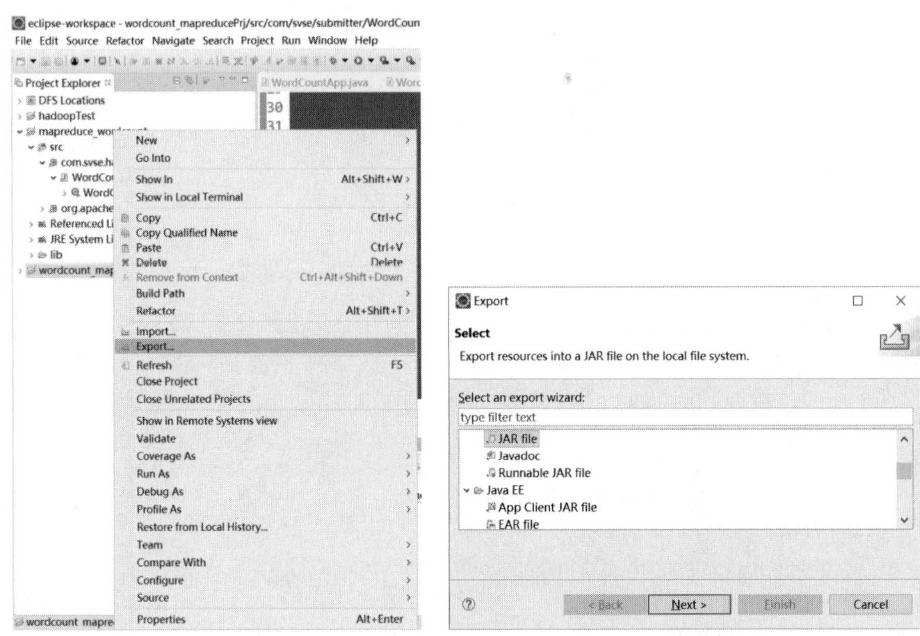

图 5-10　　　　图 5-11

图 5-12

② 上传文件到 Linux。

把打包好的文件，通过 ftp 工具上传到 Linux 系统对应的目录下，如图 5-13 所示。

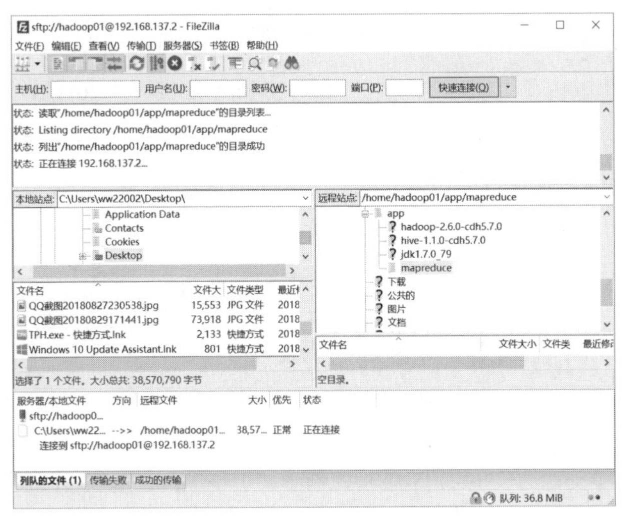

图 5-13

③ 执行提交任务命令。

使用命令“Hadoop jar(jar 文件) (主类名)”执行 MapReduce 运算，如图 5-14 所示。

```
[hadoop01@master bin]$ hadoop jar ~/app/mapreduce/wordcount.jar com.svse.submitter.WordCountSubmitter
18/09/17 11:26:46 WARN util.NativeCodeLoader: Unable to load native-hadoop library for your platform... usi
ses where applicable
18/09/17 11:26:47 INFO client.RMProxy: Connecting to ResourceManager at /0.0.0.0:8032
18/09/17 11:26:48 WARN mapreduce.JobResourceUploader: Hadoop command-line option parsing not performed. Impl
rface and execute your application with ToolRunner to remedy this.
18/09/17 11:26:49 INFO input.FileInputFormat: Total input paths to process : 1
18/09/17 11:26:50 INFO mapreduce.JobSubmitter: number of splits:1
18/09/17 11:26:50 INFO mapreduce.JobSubmitter: Submitting tokens for job: job_1537149048139_0004
18/09/17 11:26:50 INFO impl.YarnClientImpl: Submitted application application_1537149048139_0004
18/09/17 11:26:50 INFO mapreduce.Job: The url to track the job: http://master:8088/proxy/application_153714
18/09/17 11:26:50 INFO mapreduce.Job: Running job: job_1537149048139_0004
18/09/17 11:27:01 INFO mapreduce.Job: Job job_1537149048139_0004 running in uber mode : false
18/09/17 11:27:01 INFO mapreduce.Job:  map 0% reduce 0%
```

图 5-14

④ 观察结果。

执行完毕后，在 HDFS 文件系统中，查看执行结果，如图 5-15 所示。

```
[hadoop01@master bin]$ ./hadoop dfs -cat /outputwordcount/part-r-00000
DEPRECATED: Use of this script to execute hdfs command is deprecated.
Instead use the hdfs command for it.

18/09/17 11:31:22 WARN util.NativeCodeLoader: Unable to load native-hadoop library for your
ses where applicable
        18
(BIS),  1
(ECCN)  1
(TSU)   1
(see    1
5D002.C.1,      1
740.13) 1
<http://www.wassenaar.org/>     1
Administration  1
Apache  1
BEFORE  1
BIS     1
Bureau  1
Commerce,       1
Commodity       1
Control 1
Core    1
Department      1
```

图 5-15

最后总结一下，MapReduce 编程的核心是编写 Mapper 类、Reducer 类和 Submitter 类，Mapper 类的结果是 Reduce 类的输入，通过继承 Mapper 类和 Reducer 类，定义其中 4 个泛型参数来对输入和输入的 map 的 KEY 和 VALUE 类型进行说明。最后通过在 Submitter 类中对任务进行设置说明，通过 Hadoop jar 命令将任务提交给 MapReduce 计算框架来进行统计计算。

5.5 Combiner 应用程序开发

MapReduce 算术是一个比较耗时的过程，为了进一步提升运算速度，可以使用 Combiner 组件，减少 Map Tasks 输出的数据量及数据网络传输量。

5.5.1 MapReduce 中 Combiner 的作用

(1) 每一个 map 可能会产生大量的输出，Combiner 的作用就是在 map 端对输出先做一次合并，以减少传输到 reducer 的数据量。

(2) Combiner 最基本的作用是实现本地 key 的归并，Combiner 具有类似本地的 reduce 功能。如果不用 Combiner，则所有的结果都是 reduce 完成，效率会相对低下。使用 Combiner，先完成的 map 会在本地聚合，有利于提升速度。

需要注意的是，Combiner 的输出是 Reducer 的输入，如果 Combiner 是可插拔的，添加 Combiner 绝不能改变最终的计算结果。所以 Combiner 只应该用于那种 Reduce 的输入 key/value 与输出 key/value 类型完全一致，且不影响最终结果的场景。

5.5.2 Combiner 的原理

如图 5-16 所示是 Combiner 的原理图，从图中可以看出在 Mapper 和 Reducer 之间加入了 Combiner 组件，Mapper 的输出作为 Combiner 的输入，Combiner 的输出作为 Reducer 的输入。

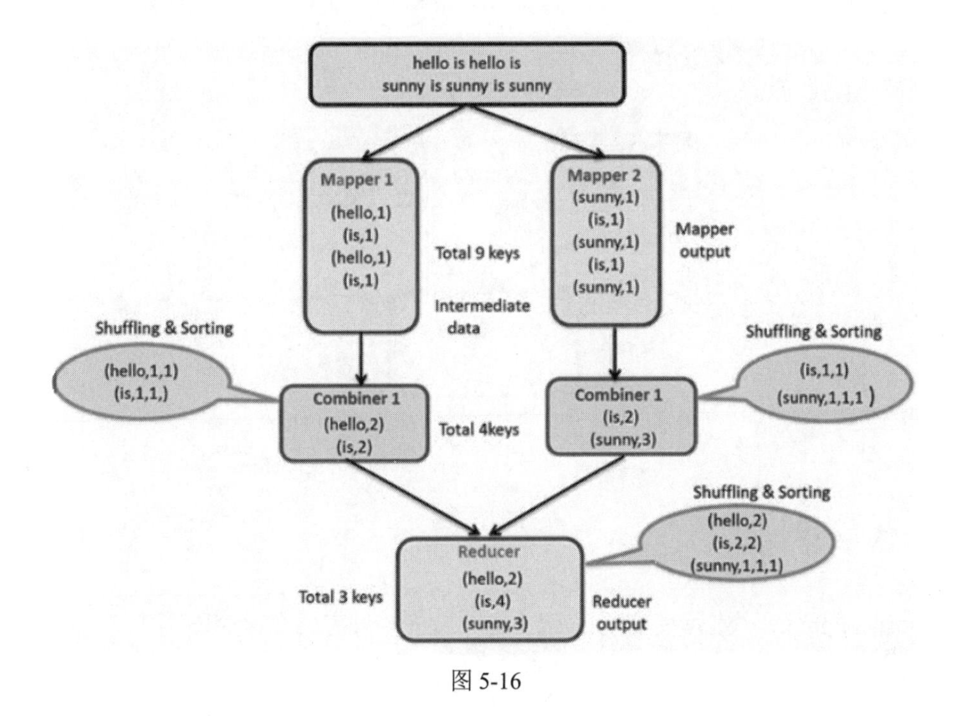

图 5-16

Combiner 的作用是减少数据传输量，如果没有加入 Combiner，在 Mapper 端需要有 9 个 key 的数据传递到 Reducer 中进行处理，如图 5-17 所示。

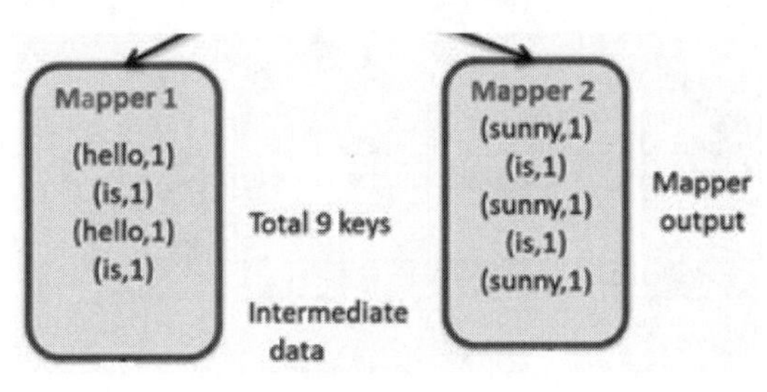

图 5-17

如果传输 key 过多的话，网络传输速度会变得很大，这时如果采用 Combiner，就可以在 Mapper 本地先进行一次性数据清洗操作，如图 5-18 所示。

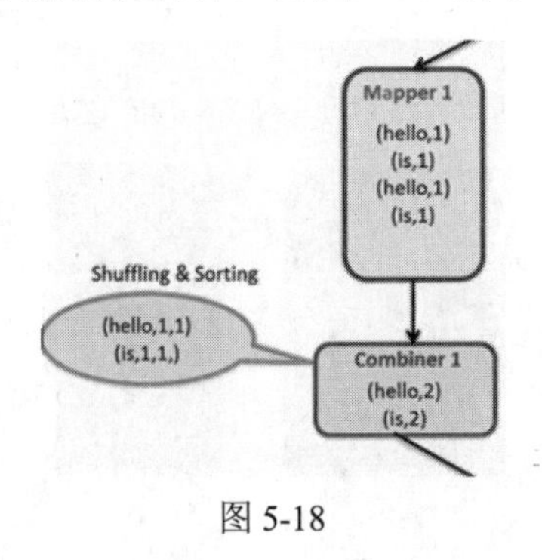

图 5-18

这样就可以有效减少传输到 Reducer 的 key 的数量，经过 Combiner 后 key 的数量由 9

个变成了 4 个，如图 5-19 所示。

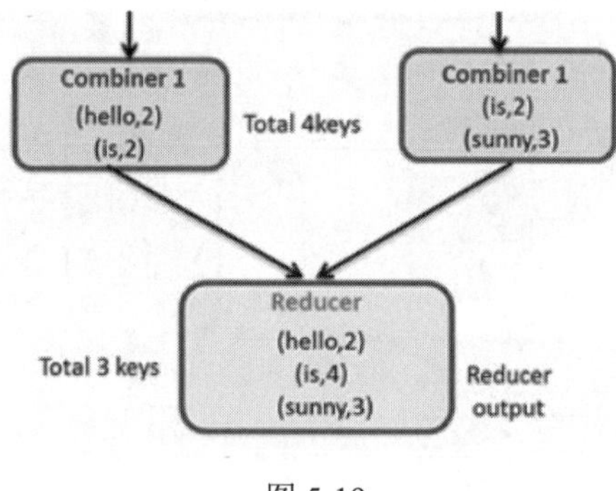

图 5-19

5.5.3 代码实现

和 wordcount 代码类似，大部分代码不需要改变，只需要在提交的类中加入如下代码，如图 5-20 所示。

```
……
Job.setCombinerClass(WordCountReducer.class);
……
```

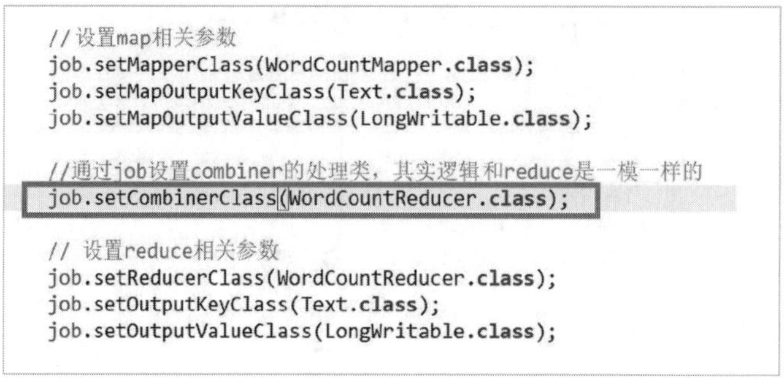

```
//设置map相关参数
job.setMapperClass(WordCountMapper.class);
job.setMapOutputKeyClass(Text.class);
job.setMapOutputValueClass(LongWritable.class);

//通过job设置combiner的处理类，其实逻辑和reduce是一模一样的
job.setCombinerClass(WordCountReducer.class);

// 设置reduce相关参数
job.setReducerClass(WordCountReducer.class);
job.setOutputKeyClass(Text.class);
job.setOutputValueClass(LongWritable.class);
```

图 5-20

在对提交任务执行过程中，在 MapReduce 中执行的结果，在 Map-Reduce Framework 环境多出了 Combine input/output 内容，说明 Combiner 设置生效，如图 5-21 和图 5-22 所示。

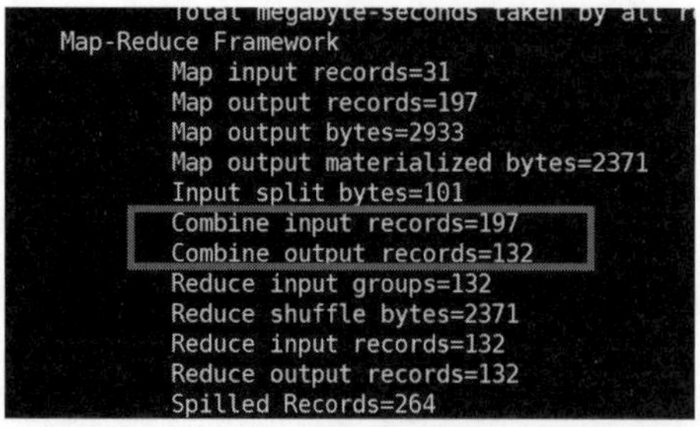

```
Map-Reduce Framework
        Map input records=31
        Map output records=197
        Map output bytes=2933
        Map output materialized bytes=2371
        Input split bytes=101
        Combine input records=197
        Combine output records=132
        Reduce input groups=132
        Reduce shuffle bytes=2371
        Reduce input records=132
        Reduce output records=132
        Spilled Records=264
```

图 5-21

```
Map-Reduce Framework
        Map input records=31
        Map output records=197
        Map output bytes=2933
        Map output materialized bytes=3333
        Input split bytes=101
        Combine input records=0
        Combine output records=0
        Reduce input groups=132
        Reduce shuffle bytes=3333
        Reduce input records=197
        Reduce output records=132
        Spilled Records=394
        Shuffled Maps =1
        Failed Shuffles=0
        Merged Map outputs=1
        GC time elapsed (ms)=155
```

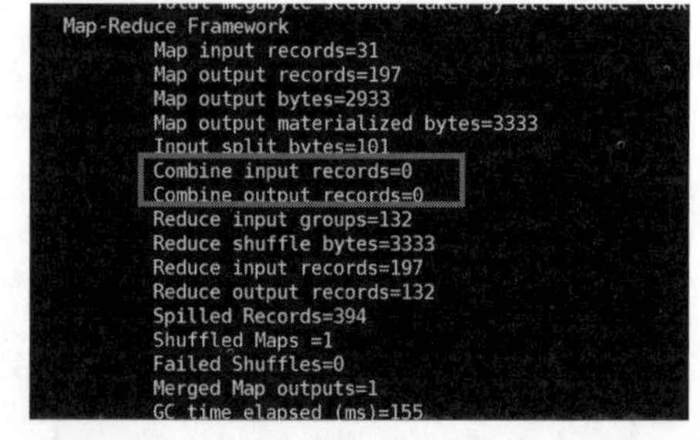

图 5-22

一般来说，在求和、求次数等场景中可以使用 Combiner 提高运算效率，但是平均数 Combiner 不能使用。

5.6 Partitioner 应用程序开发

在前面的 MapReduce 框架中，Mapper 的输出结果是根据内部算法(分发的 key 的 hash 值对 Reduce Task 个数取模)自动分配到不同的 Reducer 上，而 Partitioner 组件可以决定 MapTask 输出的数据交由哪个 ReduceTask 处理。

5.6.1 MapReduce 中 Partitioner 的作用

如图 5-23 所示，想进行分类统计，可以通过 partitioner 的设置，让 map 输出的各种形状交由特定 reduce 来执行，比如第一个 reduce 执行所有椭圆，第二个 reduce 执行所有六边形，第三个 reduce 执行所有五角星和四边形，最终可以在输出时进行特定的分类统计和存储。

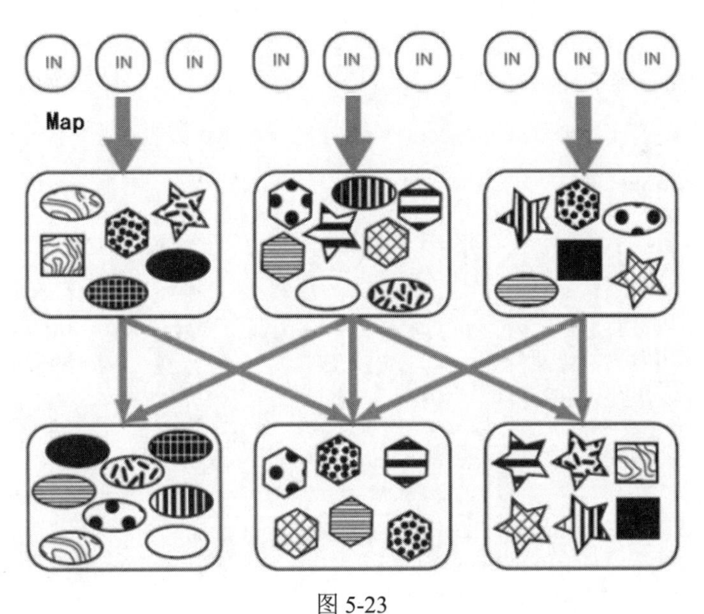

图 5-23

5.6.2 代码实现

(1) 编写 Mapper 类。

```
**
```

```
 * 对 phone.txt 进行统计
 * @author ww22002 Map：用来读取输入的文件 KEYIN：文件的偏移量(第一个偏移量是 0，第二个偏移量是 0+第一行的字符数)的类型
 * VALUEIN：每一行的内容的类型；KEYOUT：输出的 key 的类型；VALUEOUT：输出的 value 的类型
 */
public class PhoneCountMapper extends Mapper<LongWritable，Text，Text，LongWritable> {
/**
 *
 */
@Override
protected void map(LongWritable key，Text value，Mapper<LongWritable，Text，Text，
        LongWritable>.Context context)
         throws IOException，InterruptedException {
    // TODO Auto-generated method stub
    // 把接收到的每一个行数据转换成字符串
    String line = value.toString();
    // 根据指定分隔符进行拆分
    String[] words = line.split(" ");
    // 通过上下文对象输出 map 的处理结果
    context.write(new Text(words[0])，new LongWritable(Integer.parseInt(words[1])));
}
}
```

(2) 编写 Reduce 类。

Reduce 类和本单元 5.4 节的 wordcount 运算的 Reduce 类没有区别，此处不再赘述。

(3) 编写 Partitioner 类。

```
/**
*
* @author ww22002
*KEY：map 输出的 key 的数据类型
*VALUE：map 输出的 value 的数据类型
*/
public class PhoneCountPartitioner extends Partitioner<Text, LongWritable>{
@Override
public int getPartition(Text key, LongWritable value, int arg2) {
    if (key.toString().equals("xiaomi")) {
        //0 代表提交到第 1 个 reduce
        return 0;
    }
    if (key.toString().equals("huawei")) {
        //1 代表提交到第 2 个 reduce
        return 1;
    }
    if (key.toString().equals("iphone7")) {
```

```
            //2 代表提交到第 3 个 reduce
             return 2;
        }
        return 3;
    }
}
编写 Submitter 类
public class PhoneCountSubmitter {
private static final Path PATH = new Path("HDFS：//192.168.137.2：8020/phonecount");
    public static void main(String[] args) throws IllegalArgumentException, IOException,
            ClassNotFoundException, InterruptedException {
        // 创建 Configuration
        Configuration configuration = new Configuration();
        //准备清理已存在的输出目录
        FileSystem fileSystem = FileSystem.get(configuration);
        if (fileSystem.exists(PATH)) {
            fileSystem.delete(PATH, true);
            System.out.println("output file exists, but is has deleted");
        }
        // 创建 Job
        Job job = Job.getInstance(configuration, "wordcount");
        // 设置 job 的处理类
        job.setJarByClass(PhoneCountSubmitter.class);

        // 设置作业处理的输入路径
        FileInputFormat.setInputPaths(job, new Path("HDFS://192.168.137.2:8020/phone.txt"));

        // 设置 map 相关参数
        job.setMapperClass(PhoneCountMapper.class);
        job.setMapOutputKeyClass(Text.class);
        job.setMapOutputValueClass(LongWritable.class);

        // 通过 job 设置 combiner 的处理类，其实逻辑上和 reduce 是一模一样的
        // job.setCombinerClass(PhoneCountReducer.class);

        // 通过 job 设置 partition
        job.setPartitionerClass(PhoneCountPartitioner.class);
        // 设置 4 个 reducer，每个分区一个
        job.setNumReduceTasks(4);

        // 设置 reduce 相关参数
        job.setReducerClass(PhoneCountReducer.class);
        job.setOutputKeyClass(Text.class);
        job.setOutputValueClass(LongWritable.class);

        // 设置作业处理的输出路径
        FileOutputFormat.setOutputPath(job, PATH);
```

```
        // 提交作业
        System.exit(job.waitForCompletion(true) ?  0 : 1);
    }
}
```

(4) 观察结果。

如图 5-24 所示，从输出的存储结果可以看出，存储的结果根据 Partitioner 类定义的分配原则，不同的内容放置在不同的文件夹下。

```
[hadoop01@master hadoop-2.6.0-cdh5.7.0]$ hadoop dfs -ls /phonecount
DEPRECATED: Use of this script to execute hdfs command is deprecated.
Instead use the hdfs command for it.

18/09/18 17:58:44 WARN util.NativeCodeLoader: Unable to load native-hadoop library for your p
ses where applicable
Found 5 items
-rw-r--r--   3 hadoop01 supergroup          0 2018-09-18 17:58 /phonecount/_SUCCESS
-rw-r--r--   3 hadoop01 supergroup         11 2018-09-18 17:57 /phonecount/part-r-00000
-rw-r--r--   3 hadoop01 supergroup         11 2018-09-18 17:57 /phonecount/part-r-00001
-rw-r--r--   3 hadoop01 supergroup         12 2018-09-18 17:58 /phonecount/part-r-00002
-rw-r--r--   3 hadoop01 supergroup          9 2018-09-18 17:58 /phonecount/part-r-00003
```

四个文件

图 5-24

而最终的结果并不受影响，如图 5-25 所示。

```
[hadoop01@master hadoop-2.6.0-cdh5.7.0]$ hadoop dfs -cat /phonecount/part-r-00000
DEPRECATED: Use of this script to execute hdfs command is deprecated.
Instead use the hdfs command for it.

18/09/18 18:09:40 WARN util.NativeCodeLoader: Unable to load native-hadoop library f
ses where applicable
xiaomi  300
```

图 5-25

总的来说，partitioner 可以让我们自定义 Mapper 的输出交给哪个 reduce 执行，从而实现比较精准的数据分类处理。

- 认识 MapReduce
- MapReduce 编程思想
- MapReduce 执行流程
- Java 版 wordcount 功能的实现
- Combiner 应用程序开发
- Partitioner 应用程序开发

单元自测

选择题

1. 有关 MapReduce，下面说法(　　)是正确的。

   A. 它提供了资源管理能力

   B. 它是开源数据仓库系统，用于查询和分析存储在 Hadoop 中的大型数据集

   C. 它是 Hadoop 数据处理层

2. 在 MapReduce 中，如果将 reducer 数设置为 0 会发生(　　)。

   A. 仅有 Reduce 作业发生　　B. 仅有 Map 作业发生

   C. Reducer 输出会成为最终输出

3. 在 MapReduce 中，(　　)会将输入键值对处理成中间键值对。

   A. Mapper　　B. Reducer

   C. Mapper 和 Reducer

4. 在 Hadoop 中，(　　)是默认的 InputFormat 类型，它将每行内容作为新值，而将字节偏移量作为 key。

   A. FileInputFormat　　B. TextInputFormat

   C. KeyValueTextInputFormat

5. 下面(　　)不属于 Reducer 阶段。

   A. Shuffle　　B. Sort　　C. Map

6. Mapper 排序后的输出将作为(　　)的输入。

   A. Reducer　　B. Mapper　　C. Shuffle

   D. Reduce

7. 下面生成中间键值对的是(　　)。

   A. Reducer　　B. Mapper

   C. Combiner　　D. Partitioner

问答题

1. MapReduce 的作用是什么？
2. MapReduce 的优势和缺点是什么？
3. Combiner 的作用是什么？
4. 平均数 Combiner 为什么不能使用？
5. Partitioner 的作用是什么？

■ 上机题

对以下格式文件进行 MapReduce 运算。

1 zhangsan 78 89

2 zhangsan 89 68

3 wangwu 68 93

4 zhaoliu 77 88

5 wangwu 86 75

6 chengqi 90 0

7 zhaoliu 56 64

8 chengqi 72 66

要求：

(1) 把上述文件保存到 score.txt 文件中。

(2) 上传到 HDFS 文件系统中。

(3) 编写 MapReduce 程序对该文件中的数据进行分析，要求统计出每个学生的平均成绩。

(4) 编写 MapReduce 程序对该文件中的数据进行分析，要求统计出每个学生的总成绩。

(5) 编写 MapReduce 程序对该文件中的数据进行分析，要求统计出每个学生的总成绩，并把不同学生统计到不同的文件中。

搭建Hadoop完全分布式环境

课程目标

❖ 掌握 Hadoop 完全分布式安装部署

简介

在前面的单元中我们已经讲解了如何通过 MapReduce 分布式运算框架在单节点伪分布式的 Hadoop 环境上执行数据，而在真正的生产环境中则是以 Hadoop 完全分布式的方式部署 Hadoop 集群。在本单元我们将学习 Hadoop 完全分布式的搭建方法，将 MapReduce 分布式运算执行在完全分布式的环境上。

Hadoop 完全分布式安装部署的步骤如下：

(1) Hadoop 的集群规划。

(2) 前置安装。

(3) 安装 JDK。

(4) Hadoop 集群的部署。

6.1 Hadoop 的集群规划

在前期的课程中，大家已经学习了 Hadoop 的运行原理和架构。Hadoop 包含 NameNode、DataNode、SecondaryNameNode 节点，现在我的集群中有 3 台主机，主机名分别是 master、slave01、slave02，如图 6-1 所示。分别用安装节点的方式配置 IP 地址为：

- master 主机的 IP：192.168.137.2。
- slave01 主机的 IP：192.168.137.3。
- slave02 主机的 IP：192.168.137.4。

图 6-1

(1) 设置 slave01 和 slave02 节点的主机名。

slave01 节点 root 用户下(或者拥有 root 权限的用户下)，使用 vi 编辑器编辑 hostname 文件，使用命令“vi /etc/hostname”，如图 6-2 所示。然后保存退出重启主机。

图 6-2

slave02 节点 root 用户下(或者拥有 root 权限的用户下)，使用 vi 编辑器编辑 hostname 文件，使用命令“vi /etc/hostname”，如图 6-3 所示。然后保存退出重启主机。

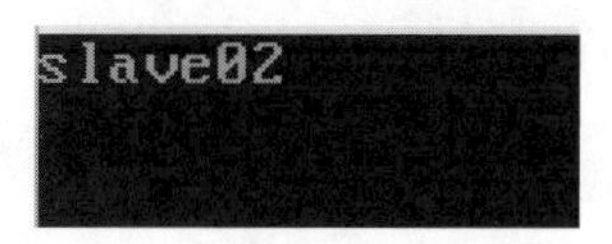

图 6-3

(2) 修改 slave01 和 slave02 节点的 IP 地址。slave01 节点 IP 地址文件的配置内容如图 6-4 所示。

```
TYPE=Ethernet
PROXY_METHOD=none
BROWSER_ONLY=no
BOOTPROTO=static
DEFROUTE=yes
IPV4_FAILURE_FATAL=no
IPV6INIT=yes
IPV6_AUTOCONF=yes
IPV6_DEFROUTE=yes
IPV6_FAILURE_FATAL=no
IPV6_ADDR_GEN_MODE=stable-privacy
NAME=enp0s3
UUID=2ab3d289-e1c7-4d89-87e5-6272870a50ba
DEVICE=enp0s3
ONBOOT=yes
IPADDR=192.168.137.3
NETMASK=255.255.255.0
GATEWAY=192.168.137.1
```

图 6-4

slave02 节点 IP 地址文件的配置内容如图 6-5 所示。

```
TYPE=Ethernet
PROXY_METHOD=none
BROWSER_ONLY=no
BOOTPROTO=static
DEFROUTE=yes
IPV4_FAILURE_FATAL=no
IPV6INIT=yes
IPV6_AUTOCONF=yes
IPV6_DEFROUTE=yes
IPV6_FAILURE_FATAL=no
IPV6_ADDR_GEN_MODE=stable-privacy
NAME=enp0s3
UUID=2ab3d289-e1c7-4d89-87e5-6272870a50ba
DEVICE=enp0s3
ONBOOT=yes
IPADDR=192.168.137.5
NETMASK=255.255.255.0
GATEWAY=192.168.137.1
```

图 6-5

(3) 设置 master、slave01 和 slave02 节点的 IP 和主机名的映射关系，使用 vi 编辑器编辑 hosts 文件，使用命令“vi /etc/hosts”。master 节点 root 用户下(或者拥有 root 权限的用户下)，如图 6-6 所示。

```
127.0.0.1   localhost localhost.localdomain localhost4 localhost4.localdomain4
::1         localhost localhost.localdomain localhost6 localhost6.localdomain6
192.168.137.2 master
192.168.137.3 slave01
192.168.137.4 slave02
```

图 6-6

slave01 节点 root 用户下(或者拥有 root 权限的用户下)，如图 6-7 和图 6-8 所示。

```
[slave01@slave01 hmaster]$ sudo scp hmaster@192.168.137.2:/etc/hosts /etc/hosts
```

图 6-7

```
127.0.0.1   localhost localhost.localdomain localhost4 localhost4.localdomain4
::1         localhost localhost.localdomain localhost6 localhost6.localdomain6
192.168.137.2 master
192.168.137.3 slave01
192.168.137.4 slave02
```

图 6-8

由于 3 台主机的映射文件是一样的，为了提高配置效率，可以使用“scp”命令把 master 节点的 hosts 文件拷贝覆盖到 slave01 和 slave02 节点的对应下面，如图 6-9 的(1)(2)所示。

```
[slave01@slave01 hmaster]$ sudo scp hmaster@192.168.137.2:/etc/hosts /etc/hosts
```

(1)

```
127.0.0.1   localhost localhost.localdomain localhost4 localhost4.localdomain4
::1         localhost localhost.localdomain localhost6 localhost6.localdomain6
192.168.137.2 master
192.168.137.3 slave01
192.168.137.4 slave02
```

(2)

图 6-9

(4) 关闭 slave01 和 slave02 节点的防火墙。

在 slave01 和 slave02 节点上，使用命令“sudo service iptables stop”和“sudo chkconfig iptables off”，关闭防火墙。

(5) 规划 Hadoop 的节点进程(YARN 是 Hadoop 体系中的任务调度器，我们会在后面章节中详细讲解)。master 节点作为主节点，slave01 和 slave02 作为数据节点。

```
master 192.168.137.2 NameNode DataNode ResourceManager
slave01 192.168.137.3 DataNode NodeManager
slave02 192.168.137.4 DataNode NodeManager
```

ResourceManager 和 NodeManager 是 YARN 相关的进程，以上就是规划的 master 节点和 slave 节点上的 YARN 进程。

6.2 前置安装

在进行 Hadoop 集群环境配置前，我们还有一些前期的配置工作——节点之间的 SSH 免密码登录需要完成。

(1) 每台机器执行命令“ssh-keygen -t rsa”。master、slave01 和 slave02 节点上的结果如图 6-10~图 6-12 所示。

```
[hmaster@master ~]$ ssh-keygen -t rsa
Generating public/private rsa key pair.
Enter file in which to save the key (/home/hmaster/.ssh/id_rsa)
/home/hmaster/.ssh/id_rsa already exists.
Overwrite (y/n)? y
Enter passphrase (empty for no passphrase):
Enter same passphrase again:
Your identification has been saved in /home/hmaster/.ssh/id_rsa
Your public key has been saved in /home/hmaster/.ssh/id_rsa.pub
```

图 6-10

```
[slave01@slave01 hmaster]$ ssh-keygen -t rsa
Generating public/private rsa key pair.
Enter file in which to save the key (/home/slave01/.ssh/id_rsa):
Created directory '/home/slave01/.ssh'.
Enter passphrase (empty for no passphrase):
Enter same passphrase again:
Your identification has been saved in /home/slave01/.ssh/id_rsa.
Your public key has been saved in /home/slave01/.ssh/id_rsa.pub.
```

图 6-11

```
[slave02@slave02 hmaster]$ ssh-keygen -t rsa
Generating public/private rsa key pair.
Enter file in which to save the key (/home/slave02/.ssh/id_rsa):
Created directory '/home/slave02/.ssh'.
Enter passphrase (empty for no passphrase):
Enter same passphrase again:
Your identification has been saved in /home/slave02/.ssh/id_rsa.
Your public key has been saved in /home/slave02/.ssh/id_rsa.pub.
```

图 6-12

(2) 进行公钥复制操作。

为了让 master 节点在访问 slave01 和 slave02 节点的时候可以免密，在 master 节点进行操作，复制公钥到 master 主机，执行命令 ssh-copy-id -i ~/.ssh/id_rsa.pub master，如图 6-13 所示。

```
[hmaster@master ~]$ ssh-copy-id -i ~/.ssh/id_rsa.pub master
hmaster@master's password:
Now try logging into the machine, with "ssh 'master'", and check in:

  .ssh/authorized_keys

to make sure we haven't added extra keys that you weren't expecting.

[hmaster@master ~]$ ssh-copy-id -i ~/.ssh/id_rsa.pub slave01
The authenticity of host 'slave01 (192.168.137.3)' can't be established.
RSA key fingerprint is b4:79:f2:e5:d6:86:d8:73:12:73:24:84:3a:b9:34:37.
Are you sure you want to continue connecting (yes/no)? yes
Warning: Permanently added 'slave01,192.168.137.3' (RSA) to the list of known hosts
hmaster@slave01's password:
Now try logging into the machine, with "ssh 'slave01'", and check in:
```

图 6-13

复制公钥到 slave01 主机，执行命令“ssh-copy-id -i ~/.ssh/id_rsa.pub slave01”，如图 6-14 所示。

```
[hmaster@master ~]$ ssh-copy-id -i ~/.ssh/id_rsa.pub slave01
The authenticity of host 'slave01 (192.168.137.3)' can't be established.
RSA key fingerprint is b4:79:f2:e5:d6:86:d8:73:12:73:24:84:3a:b9:34:37.
Are you sure you want to continue connecting (yes/no)? yes
Warning: Permanently added 'slave01,192.168.137.3' (RSA) to the list of known hosts.
hmaster@slave01's password:
Now try logging into the machine, with "ssh 'slave01'", and check in:
```

图 6-14

复制公钥到 slave02 主机，执行命令“ssh-copy-id -i ~/.ssh/id_rsa.pub slave02”，如图 6-15 所示。

```
[hmaster@master ~]$ ssh-copy-id -i ~/.ssh/id_rsa.pub slave02
The authenticity of host 'slave02 (192.168.137.4)' can't be established.
RSA key fingerprint is b4:79:f2:e5:d6:86:d8:73:12:73:24:84:3a:b9:34:37.
Are you sure you want to continue connecting (yes/no)? yes
Warning: Permanently added 'slave02,192.168.137.4' (RSA) to the list of known hosts.
hmaster@slave02's password:
Now try logging into the machine, with "ssh 'slave02'", and check in:
```

图 6-15

(3) 验证 SSH 免密是否成功。

在 master 节点使用 ssh 命令登录自己、slave01 和 slave02 节点，如图 6-16~图 6-18 所示。如果上述 ssh 操作都不需要设置密码，则表示 ssh 免密配置成功。

```
[hmaster@master ~]$ ssh master
Last login: Thu Mar  7 14:19:45 2019 from 192.168.137.1
```

图 6-16

```
[hmaster@master ~]$ ssh slave01
Last login: Thu Mar  7 14:59:12 2019 from master
```

图 6-17

```
[hmaster@master ~]$ ssh slave02
Last login: Thu Mar  7 14:59:24 2019 from slave01
```

图 6-18

6.3 安装 JDK

由于 Hadoop 是由 Java 语言编写的，所以在集群中的所有主机都需要安装配置 JDK 环境。

(1) 设置 slave01 节点和 slave02 节点的程序安装目录和数据存储目录，如图 6-19 所示。

```
app  data  lib  maven-resp  shell  software  公共的  模板  视频  图片  文档  下载  音乐  桌面
```

图 6-19

(2) 拷贝 master 节点中~/app/jdk1.8.0_201 到 slave01 和 slave02 中的 app 目录。在 master 节点执行命令 scp -r jdk1.8.0_201/hmaster@slave01:~/app/和 scp-r jdk1.8.0-201/hmaster@slave02:~/app/，如图 6-20 和图 6-21 所示。

```
[hmaster@master app]$ scp -r jdk1.8.0_201/ hmaster@slave01:~/app/
```

图 6-20

```
[hmaster@master app]$ scp -r jdk1.8.0_201/ hmaster@slave02:~/app/
```

图 6-21

(3) 在 slave01 和 slave02 中配置 JDK 环境变量。使用 vi 编辑器编辑/etc/profile，如图 6-22 所示。

```
export JAVA_HOME=/home/hmaster/app/jdk1.8.0_201
export PATH=$JAVA_HOME/bin:$PATH
```

图 6-22

6.4 Hadoop 集群的部署

在完成前期规划、前置环境的配置和 JDK 的配置后，我们就可以开始 Hadoop 集群的安装和配置了。

(1) 在 master、slave01、slave02 节点上修改 slave 文件，如图 6-23 所示。

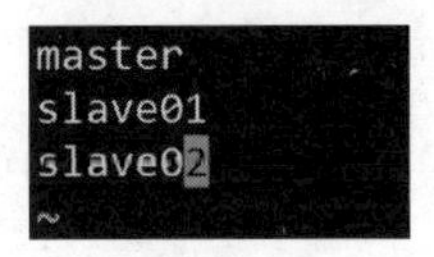

图 6-23

(2) 分发 hadoop 到 slave01 和 slave02 节点，如图 6-24 和图 6-25 所示。

```
[hmaster@master app]$ scp -r hadoop-2.6.0-cdh5.7.0/ hmaster@slave01:~/app/
```

图 6-24

```
[hmaster@master app]$ scp -r hadoop-2.6.0-cdh5.7.0/ hmaster@slave02:~/app/
```

图 6-25

(3) 在 slave01 和 slave02 节点配置环境变量，如图 6-26 所示。

```
export HADOOP_HOME=/home/hmaster/app/hadoop-2.6.0-cdh5.7.0
export PATH=$HADOOP_HOME/bin:$PATH
```

图 6-26

(4) 在 master 节点格式化 Hadoop，如图 6-27 和图 6-28 所示。

```
[hmaster@master sbin]$ hadoop namenode -format
```

图 6-27

```
19/03/07 17:24:14 INFO common.Storage: Storage directory /home/hmaster/data/tmp/dfs/name has been s
uccessfully formatted.
19/03/07 17:24:14 INFO namenode.NNStorageRetentionManager: Going to retain 1 images with txid >= 0
19/03/07 17:24:14 INFO util.ExitUtil: Exiting with status 0
19/03/07 17:24:14 INFO namenode.NameNode: SHUTDOWN_MSG:
/************************************************************
SHUTDOWN_MSG: Shutting down NameNode at master/192.168.137.2
************************************************************/
```

图 6-28

(5) 在 master 节点启动 HDFS，如图 6-29 所示。

```
[hmaster@master sbin]$ ./start-dfs.sh
19/03/11 16:59:42 WARN util.NativeCodeLoader: Unable to load nativ
m... using builtin-java classes where applicable
Starting namenodes on [master]
master: starting namenode, logging to /home/hmaster/app/hadoop-2.6
amenode-master.out
slave01: starting datanode, logging to /home/hmaster/app/hadoop-2.
datanode-slave01.out
slave02: starting datanode, logging to /home/hmaster/app/hadoop-2.
datanode-slave02.out
master: starting datanode, logging to /home/hmaster/app/hadoop-2.6
atanode-master.out
Starting secondary namenodes [0.0.0.0]
0.0.0.0: starting secondarynamenode, logging to /home/hmaster/app/
-hmaster-secondarynamenode-master.out
19/03/11 17:00:24 WARN util.NativeCodeLoader: Unable to load nativ
m... using builtin-java classes where applicable
```

图 6-29

(6) 在 master 节点启动 YARN，如图 6-30 所示。

```
[hmaster@master sbin]$ ./start-yarn.sh
starting yarn daemons
starting resourcemanager, logging to /home/hmaster/app/hadoop-2.6.0-cdh
urcemanager-master.out
slave01: starting nodemanager, logging to /home/hmaster/app/hadoop-2.6.
-nodemanager-slave01.out
slave02: starting nodemanager, logging to /home/hmaster/app/hadoop-2.6.
-nodemanager-slave02.out
master: starting nodemanager, logging to /home/hmaster/app/hadoop-2.6.0
nodemanager-master.out
```

图 6-30

注意：防止出现 CourseID 不一致的错误。

(7) 查看各个节点的进程。

master 节点进程如图 6-31 所示。

```
[hmaster@master sbin]$ jps
3456 Jps
2785 SecondaryNameNode
3105 NodeManager
2504 NameNode
3004 ResourceManager
2607 DataNode
```

图 6-31

slave01 节点进程如图 6-32 所示。

slave02 节点进程图 6-33 所示。

```
[hmaster@slave01 ~]$ jps
2455 DataNode
2634 NodeManager
2797 Jps
```

图 6-32

```
[hmaster@slave02 ~]$ jps
2752 Jps
2558 NodeManager
2399 DataNode
```

图 6-33

6.5 作业提交到 Hadoop 集群上运行

以上操作已经完成了 Hadoop 完全分布式环境的配置，接下来在 master 节点的 MapReduce 目录/home/hmaster/app/hadoop-2.6.0-cdh5.7.0/share/hadoop/mapreduce 下找到执行任务，如图 6-34 所示。

```
[hmaster@master mapreduce]$ ls
hadoop-mapreduce-client-app-2.6.0-cdh5.7.0.jar
hadoop-mapreduce-client-common-2.6.0-cdh5.7.0.jar
hadoop-mapreduce-client-core-2.6.0-cdh5.7.0.jar
hadoop-mapreduce-client-hs-2.6.0-cdh5.7.0.jar
hadoop-mapreduce-client-hs-plugins-2.6.0-cdh5.7.0.jar
hadoop-mapreduce-client-jobclient-2.6.0-cdh5.7.0.jar
hadoop-mapreduce-client-jobclient-2.6.0-cdh5.7.0-tests.jar
hadoop-mapreduce-client-nativetask-2.6.0-cdh5.7.0.jar
hadoop-mapreduce-client-shuffle-2.6.0-cdh5.7.0.jar
hadoop-mapreduce-examples-2.6.0-cdh5.7.0.jar
```

图 6-34

执行命令“hadoop jar hadoop-mapreduce-examples-2.6.0-cdh5.7.0.jar pi 2 3”，如图 6-35 所示。

```
[hmaster@master mapreduce]$ hadoop jar hadoop-mapreduce-examples-2.6.0-cdh5.7.0.jar pi 2 3
Number of Maps  = 2
Samples per Map = 3
```

图 6-35

如图 6-36 所示，表示任务在 85 秒完成，最终结果为 4.00000。

```
Job Finished in 85.731 seconds
Estimated value of Pi is 4.00000000000000000000
```

图 6-36

在浏览器中观察任务的状态，如图 6-37 所示。

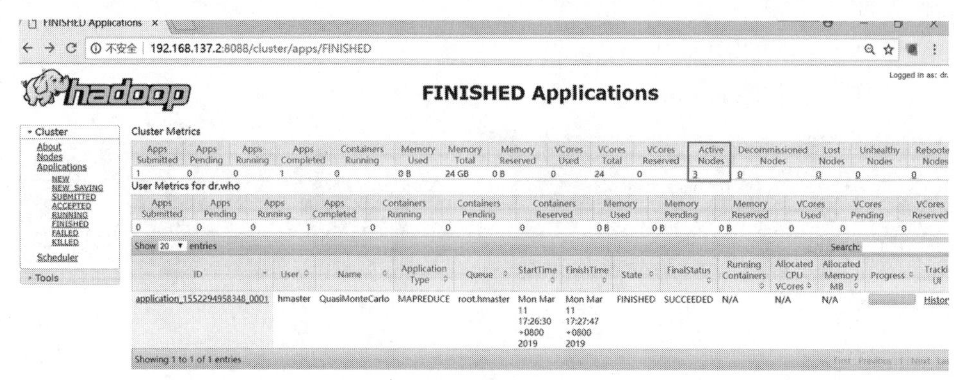

图 6-37

在生产环境中Hadoop的部署都是以分布式的方式进行，这样才能发挥Hadoop的优势，对于 Hadoop 的操作和理解一定要建立在分布式的思想上。分布式是大数据的基础，应利用廉价服务器的集群发挥 Hadoop 的优势。

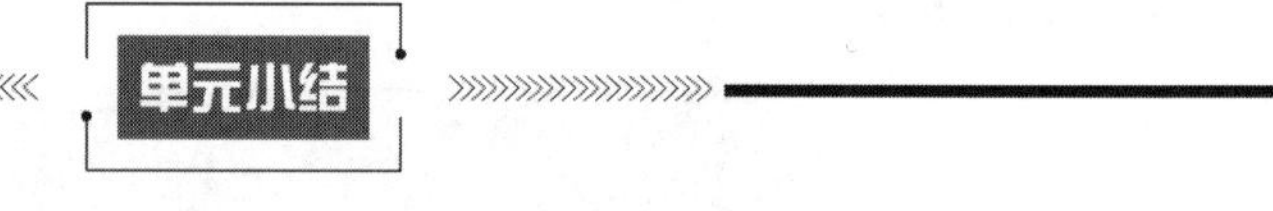

单元小结

- Hadoop 完全分布式安装部署

单元自测

选择题

1. Hadoop 的 HDFS 的架构源于(　　)。

   A. Google 分布式文件系统　　B. Yahoo 分布式文件系统

   C. Facebook 分布式文件系统

2. 关于配置机架感知的说法，下面(　　)是正确。

   A. 如果一个机架出问题，不会影响数据读写

   B. 写入数据的时候会写到不同机架的 DataNode 中

   C. MapReduce 会根据机架获取离自己比较近的网络数据

3. HDFS 中块副本位置选择的策略服务的两大目标是(　　)。

   A. 最大化数据可靠性　　B. 最大化计算可靠性

   C. 最大化数据高效性　　D. 最大化计算高效性

4. 下列关于 HDFS 对文件分块存储的作用描述，正确的是(　　)。

A. 有利于负载均衡　　　　　　　　B. 便于并行处理
C. 最小化寻址开销　　　　　　　　D. 支持大规模文件存储

问答题

1. 描述 Hadoop 完全分布式环境的搭建步骤。
2. 完全分布式环境下各个节点的进程有哪些?

上机题

1. 在个人电脑上搭建 Hadoop 的完全分布式环境。
2. 在完全分布式环境下使用 MapReduce 进行数据分析处理:
(1) 统计每门课程的参考人数和课程平均分。
(2) 统计每门课程参考学生的平均分，按课程存入不同的结果文件，要求一门课程一个结果文件，并且按平均分从高到低排序，分数保留一位小数。
(3) 求出每门课程参考学生成绩最高的学生的信息：课程、姓名和平均分。
数据及字段说明:

- computer，huangxiaoming，85，86，41，75，93，42，85
- computer，xuzheng，54，52，86，91，42
- computer，huangbo，85，42，96，38
- English，zhaobenshan，54，52，86，91，42，85，75
- English，liuyifei，85，41，75，21，85，96，14
- algorithm，liuyifei，75，85，62，48，54，96，15
- computer，huangjiaju，85，75，86，85，85
- English，liuyifei，76，95，86，74，68，74，48
- English，huangdatou，48，58，67，86，15，33，85
- algorithm，huanglei，76，95，86，74，68，74，48
- algorithm，huangjiaju，85，75，86，85，85，74，86
- computer，huangdatou，48，58，67，86，15，33，85
- English，zhouqi，85，86，41，75，93，42，85，75，55，47，22
- English，huangbo，85，42，96，38，55，47，22
- algorithm，liutao，85，75，85，99，66
- computer，huangzitao，85，86，41，75，93，42，85
- math，wangbaoqiang，85，86，41，75，93，42，85
- computer，liujialing，85，41，75，21，85，96，14，74，86

- computer，liuyifei，75，85，62，48，54，96，15
- computer，liutao，85，75，85，99，66，88，75，91
- computer，huanglei，76，95，86，74，68，74，48
- English，liujialing，75，85，62，48，54，96，15
- math，huanglei，76，95，86，74，68，74，48
- math，huangjiaju，85，75，86，85，85，74，86
- math，liutao，48，58，67，86，15，33，85
- English，huanglei，85，75，85，99，66，88，75，91
- math，xuzheng，54，52，86，91，42，85，75
- math，huangxiaoming，85，75，85，99，66，88，75，91
- math，liujialing，85，86，41，75，93，42，85，75
- English，huangxiaoming，85，86，41，75，93，42，85
- algorithm，huangdatou，48，58，67，86，15，33，85
- algorithm，huangzitao，85，86，41，75，93，42，85，75

进行数据解释。

数据字段个数不固定：

- 第一个是课程名称，总共有四个课程：computer、math、english、algorithm。
- 第二个是学生姓名，后面是每次考试的分数，但是每个学生在某门课程中的考试次数不固定。

资源调度框架(YARN)与运用

课程目标

- 了解 YARN 产生的背景
- 熟悉YARN 的架构
- 了解 YARN 的执行流程
- 掌握 YARN 的环境搭建方法
- 掌握如何提交作业到 YARN 上执行

简介

Apache Hadoop YARN (Yet Another Resource Negotiator，另一种资源协调者)是一种新的 Hadoop 资源管理器，它是一个通用资源管理系统，可为上层应用提供统一的资源管理和调度，它的引入为集群的利用率、资源统一管理和数据共享等方面带来了巨大好处。

7.1 YARN 产生的背景

YARN 是 Hadoop 2.0 版本新引入的资源管理系统，是 Hadoop 2.0 版改动最大的一个方面。直接从 MR1(MapReduce 1.x)演化而来，目的在于解决 1.0 版本中的一些问题。如图 7-1 所示是 MapReduce 1 的结构图。在 Hadoop 1.x 版本中，Hadoop 框架资源管理和作业控制统一由 JobTracker 负责。作业控制和资源管理两个模块的耦合度较高。主要缺陷体现在可靠性、扩展性、资源利用率和异构的计算框架四个方面。

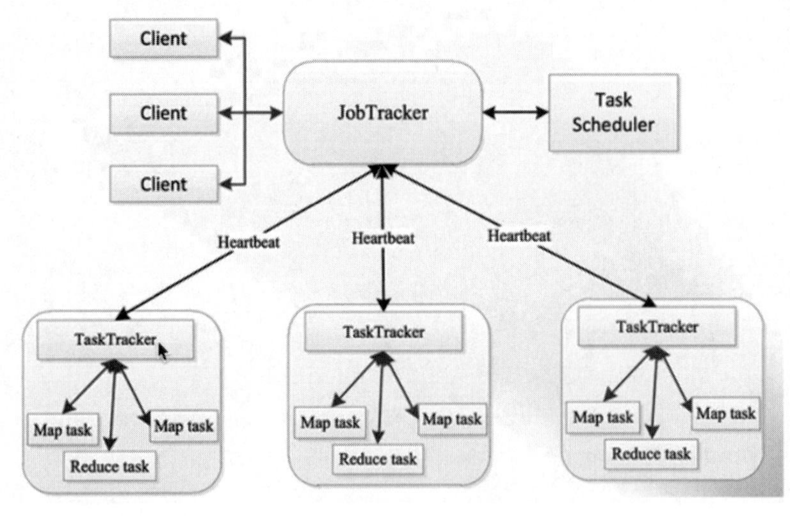

图 7-1　MapReduce 1 结构图

1. 可靠性差

在 MR1 的主从架构中，主节点 JobTracker 一旦出现故障会导致整个集群不可用。

2. 扩展性差

MR1 的主节点 JobTracker 承担资源管理和作业调度的操作，一旦同时提交的作业过多，

JobTracker 将不堪重负，成为整个集群的性能瓶颈，制约集群的线性扩展。

3. 资源利用率低

MR1 的资源表示模型是“槽”，这种资源表示模型将资源划分为 Map 槽和 Reduce 槽，也就是说 Map 槽只能运行 Map 任务，而 Reduce 槽只能运行 Reduce 任务，两者不能混用。这样在运行 MapReduce 作业时，就一定会存在资源浪费的情况，如 Map 槽非常紧张，而 Reduce 槽还很充裕等。

4. 不支持异构的计算框架

在一个组织中，可能并不只有离线批处理的需求，还可能有流处理需求、大规模并行处理的需求等，这些需求催生了一些新的计算框架，如 Strom、Spark、Impala 等，MR1 并不能支持多种计算框架共存。

为了克服上面这些不足，YARN 应运而生。与老 MapReduce 相比，YARN 采用了一种分层的集群框架。在 Hadoop 2.x 版本中，Hadoop 将资源管理相关的功能与作业控制相关的功能拆分成两个独立的进程：即资源管理进程与具体应用无关，它负责整个集群的资源(内存、CPU、磁盘等)管理，而作业控制进程则是直接与应用程序相关的模块。这样的设计使得 Hadoop 2.0 具有以下几大优势。

(1) Hadoop 2.0 提出了 HDFS Federation，它让多个 NameNode 分管不同的目录，进而实现访问隔离和横向扩展。对于运行中 NameNode 的单点故障，则通过 NameNode 热备份方案(NameNode HA)实现。

(2) YARN 通过将资源管理和应用程序管理两部分剥离开来，分别由 ResourceManager 和 ApplicationMaster 进程来实现。其中，ResourceManager 专管资源管理和调度，而 ApplicationMaster 则负责与具体应用程序相关的任务切分、任务调度和容错等。

(3) YARN 具有向后兼容性，用户在 MR1 上运行的作业，无需任何修改即可运行在 YARN 之上。

(4) 对资源的表示以内存为单位(在目前版本的 YARN 中没有考虑 CPU 的占用)，比之前以剩余 slot 数目为单位更合理。

(5) 支持多个框架，YARN 不再是一个单纯的计算框架，而是一个框架管理器，用户可以将各种各样的计算框架移植到 YARN 上，由 YARN 进行统一管理和资源分配，由于将现有框架移植到 YARN 上需要一定的工作量，当前 YARN 仅可运行 MapReduce 这种离线计算框架。

(6) 框架升级容易，在 YARN 中，各种计算框架不再是作为一个服务部署到集群的各个节点上(比如 MapReduce 框架，不再需要部署 JobTracker、TaskTracker 等服务)，而是被封装成一个用户程序库(lib)存放在客户端，当需要对计算框架进行升级时，只升级用户程序库即可。

7.2 YARN 架构

YARN 的全称(Yet Another Resource Negotiator)是一种资源协调者，它是统一资源管理和调度平台的实现，类似于本地主机的操作系统。

YARN 的核心思想是将 MR1 中 JobTracker 的资源管理和作业调度两个功能分开，分别由 ResourceManager 和 ApplicationMaster 进程来实现。YARN 的出现，使得多个计算框架可以运行在一个集群当中。目前可以支持多种计算框架运行在 YARN 上面的有 MapReduce、Storm、Spark、Flink 等。YARN 的基本框架如图 7-2 所示。

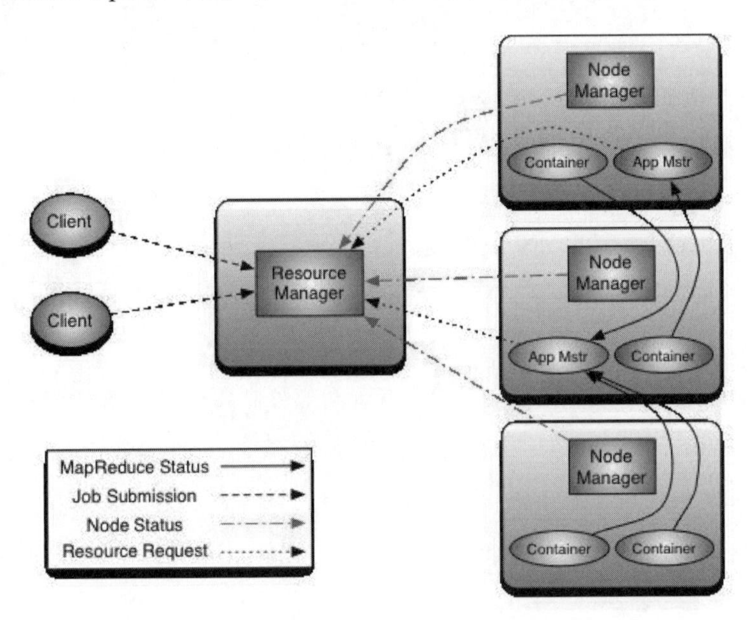

图 7-2　YARN 基本结构图

1. Client

向 ResourceManager 提交任务，终止任务。

2. ResourceManager(RM)

RM 是一个全局的资源管理系统，它负责整个 YARN 集群资源的监控、分配和管理工作，具体工作如下：

(1) 负责处理客户端请求。

(2) 接收和监控 NodeManager(NM)的资源情况。

(3) 启动和监控 ApplicationMaster(AM)。

(4) 实现资源的分配和调度。

在 ResourceManager 内部包含了两个组件，分别是调度器(scheduler)和应用程序管理器(application manager)，其中调度器根据容量、队列等限制条件(如每个队列分配一定的资源，最多执行一定数量的作业等)，将系统中的资源分配给各个正在运行的应用程序。该调度器是一个“纯调度器”，它不再从事任何与具体应用程序相关的工作；而应用程序管理器负责管理整个系统中所有的应用程序，包括提交应用程序、调度协调资源，以启动 ApplicationMaster、监控 ApplicationMaster 运行状态并在失败时重新启动。

3. NodeManager(NM)

NM 是每个节点上的资源和任务管理器，一方面，它会定时向 ResourceManager 汇报所在节点的资源使用情况；另一方面，它会接收并处理来自 ApplicationMaster 的启动停止容器(container)的各种请求。

4. ApplicationMaster(AM)

用户提交的每个应用程序都包含一个 ApplicationMaster，它负责协调来自 ResourceManager 的资源，并把获得的资源进一步分配给内部的各个任务，从而实现“二次分配”。除此之外，ApplicationMaster 还会通过 NodeManager 监控容器的执行和资源使用情况，并在任务运行失败时重新为任务申请资源以重启任务。当前的 YARN 自带了两个 ApplicationMaster 的实现，一个是用于演示 ApplicationMaster 编写方法的实例程序 DistributedShell，它可以申请一定数目的 container，以并行方式运行一个 Shell 命令或者 Shell 脚本；另一个则是运行 MapReduce 应用程序的 ApplicationMaster——MRAppMaster。

ResourceManager 负责监控 ApplicationMaster，并在 ApplicationMaster 运行失败的时候重启它，大大提高集群的拓展性。ResourceManager 不负责 ApplicationMaster 内部任务的容错，任务的容错由 ApplicationMaster 完成。总体来说，ApplicationMaster 的主要功能是资源的调度、监控与容错。

5. Container

Container 是 YARN 中的资源抽象，它封装了某个节点上的多维度资源，如内存、CPU、磁盘、网络等，当 AM 向 RM 申请资源时，RM 为 AM 返回的资源便是用 container 表示的。YARN 会为每个任务分配一个 container，且任务只能使用该 container 中描述的资源。

Container 和集群节点的关系是：一个节点会运行多个 container，但一个 container 不会跨节点。任何一个 job 或 application 必须运行在一个或多个 container 中，在 YARN 框架中，

ResourceManager 只负责告诉 ApplicationMaster 哪些 container 可以用，ApplicationMaster 还需要去找 NodeManager 请求分配具体的 container。

7.3 YARN 的执行流程

在 7.2 节中我们学习了 YARN 中每一个组件的作用，了解并学习了 YARN 的工作原理。YARN 中的组件之间协调工作并执行计算任务的方式如图 7-3 所示。

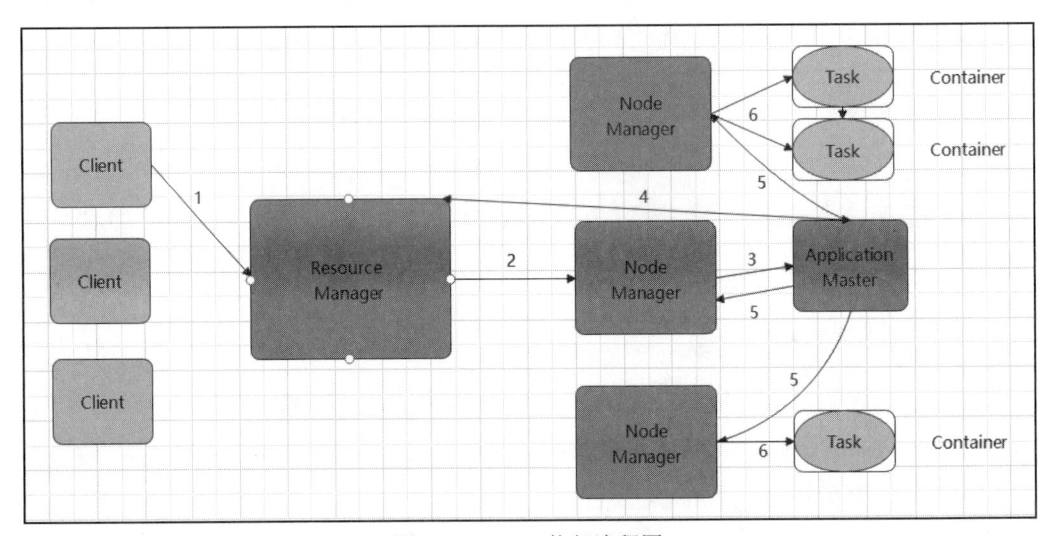

图 7-3　YARN 执行流程图

YARN 的工作流程如下：

(1) 客户端向 ResourceManager 提交自己的应用。

(2) ResourceManager 向 NodeManager 发出指令，为该应用启动第一个 container，并在其中启动 ApplicationMaster。

(3) ApplicationMaster 向 ResourceManager 注册。

(4) ApplicationMaster 采用轮询的方式向 ResourceManager 的 YARN 的 scheduler(调度器)申领资源。

(5) ApplicationMaster 申领到资源(其实是获取到了空闲节点的信息)后，便会与对应的 NodeManager 通信，请求启动计算任务。

(6) NodeManager 根据资源量的大小、所需的运行环境，在 container 中启动任务。

(7) 各个任务向 ApplicationMaster 汇报自己的状态和进度，以便 ApplicationMaster 掌握各个任务的执行情况。

(8) 应用程序运行完成后，ApplicationMaster 向 ResourceManager 注销并关闭自己。

7.4 YARN 的环境搭建

详细学习 YARN 的工作原理之后，我们需要根据实际情况完成 YARN 的环境搭建。注意搭建前请保证已经搭建好了 HDFS 环境。下面我们来学习具体的实现方法。

修改配置文件 Hadoop 安装目录下的“etc/hadoop/yarn-site.xml”文件，代码如下，效果如图 7-4 所示。

```
<configuration>
  <property>
    <name>yarn.nodemanager.aux-services</name>
    <value>mapreduce_shuffle</value>
  </property>
</configuration>
```

```
<configuration>

<!-- Site specific YARN configuration properties -->
        <property>
                <name>yarn.nodemanager.aux-services</name>
                <value>mapreduce_shuffle</value>
        </property>

</configuration>
```

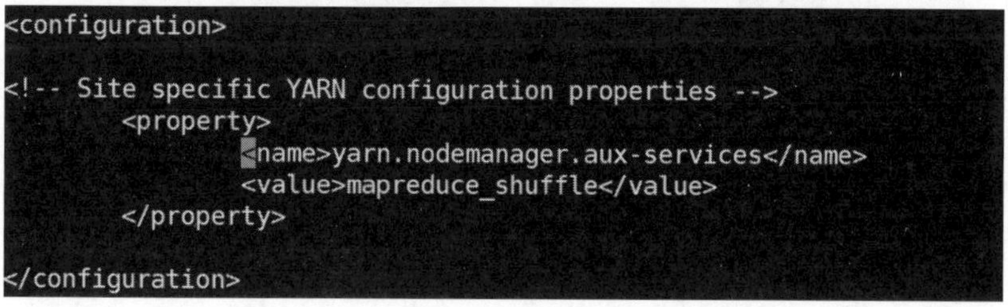

图 7-4

该配置的含义是，NodeManager 上运行的附属服务器需配置成 mapreduce_shuffle，才可运行 MapReduce 程序。

(1) 修改 Hadoop 安装目录下的“etc/hadoop/mapred-site.xml”配置文件。由于该目录下未提供“mapred-site.xml”文件，只提供了模板“mapred-site.xml.template”文件，所以可以根据模板文件复制一份配置文件，如图 7-5 所示。然后添加代码如下，效果如图 7-6 所示。

```
<configuration>
  <property>
    <name>mapreduce.framework.name</name>
    <value>yarn</value>
  </property>
</configuration>
```

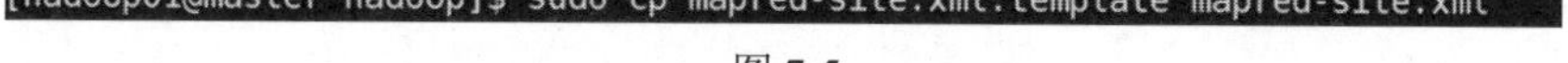

```
[hadoop01@master hadoop]$ sudo cp mapred-site.xml.template mapred-site.xml
```

图 7-5

```
<configuration>
    <property>
        <name>mapreduce.framework.name</name>
        <value>yarn</value>
    </property>

</configuration>
```

图 7-6

该配置的作用是指定 MR 框架为 YARN 方式。

(2) 启动 RM 进程以及 NM 进程，进入“sbin”目录，使用命令“./start-yarn.sh”，效果如图 7-7 所示。

```
[hadoop01@master sbin]$ ./start-yarn.sh
starting yarn daemons
starting resourcemanager, logging to /home/hadoop01/下载/software/hadoop-2.6.0-cdh5.7.0/logs/yarn-hadoop01-resourcemanager
er.out
master: starting nodemanager, logging to /home/hadoop01/下载/software/hadoop-2.6.0-cdh5.7.0/logs/yarn-hadoop01-nodemanager
er.out
```

图 7-7

(3) 验证进程，使用命令“jps”，效果如图 7-8 所示。

```
[hadoop01@master sbin]$ jps
12443 NodeManager
12001 DataNode
11905 NameNode
12209 SecondaryNameNode
12673 Jps
12351 ResourceManager
```

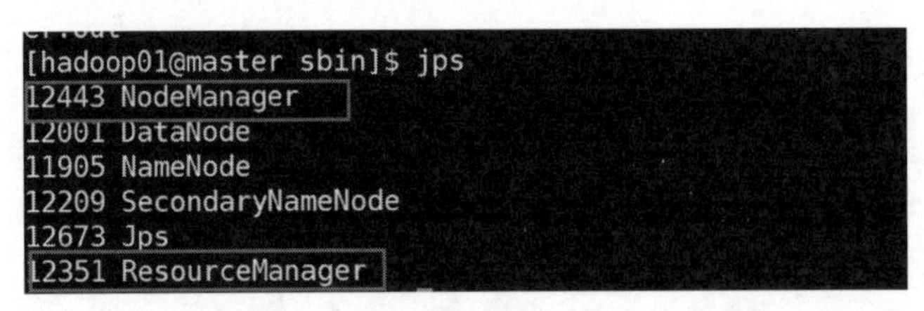

图 7-8

(4) 使用浏览器访问 RM，输入地址“http://localhost:8088/”，可以看到 YARN 执行的浏览器界面，效果如图 7-9 所示。

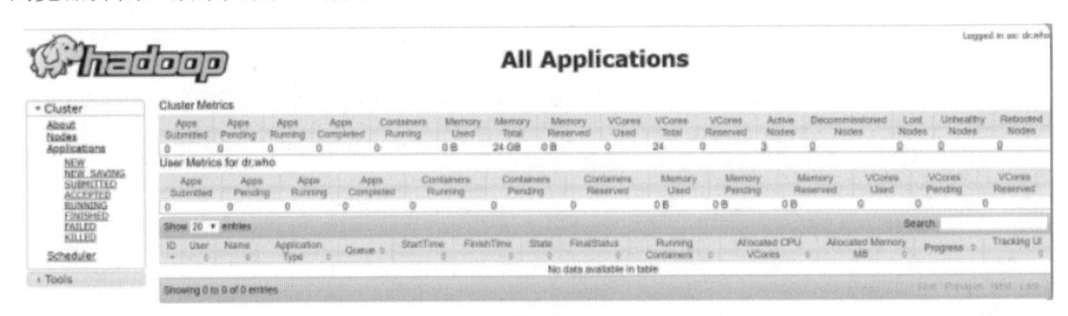

图 7-9

(5) 如果想停止 YARN，可以使用命令“./stop-yarn.sh”。

7.5 提交作业到 YARN 上执行

YARN 环境配置完成后，可以通过客户端提交作业到 YARN，完成任务调度工作，具体操作步骤及执行过程如下：

(1) 获取 MapReduce 任务。

进入 Hadoop 安装目录下的“/share/hadoop/mapreduce”文件夹，找到“hadoop-mapreduce-examples-2.6.0-cdh5.7.0.jar”文件，如图 7-10 所示。

```
[hadoop01@master hadoop-2.6.0-cdh5.7.0]$ cd share/hadoop/mapreduce
[hadoop01@master mapreduce]$ ls
hadoop-mapreduce-client-app-2.6.0-cdh5.7.0.jar              hadoop-mapreduce-client-nativetask-2.6.0-cdh5.7.0.jar
hadoop-mapreduce-client-common-2.6.0-cdh5.7.0.jar           hadoop-mapreduce-client-shuffle-2.6.0-cdh5.7.0.jar
hadoop-mapreduce-client-core-2.6.0-cdh5.7.0.jar             hadoop-mapreduce-examples-2.6.0-cdh5.7.0.jar
hadoop-mapreduce-client-hs-2.6.0-cdh5.7.0.jar               lib
hadoop-mapreduce-client-hs-plugins-2.6.0-cdh5.7.0.jar       lib-examples
hadoop-mapreduce-client-jobclient-2.6.0-cdh5.7.0.jar        sources
hadoop-mapreduce-client-jobclient-2.6.0-cdh5.7.0-tests.jar
```

图 7-10

(2) 提交任务。

使用“hadoop jar 文件名”命令，提交 mapreduce 任务，如图 7-11 所示。

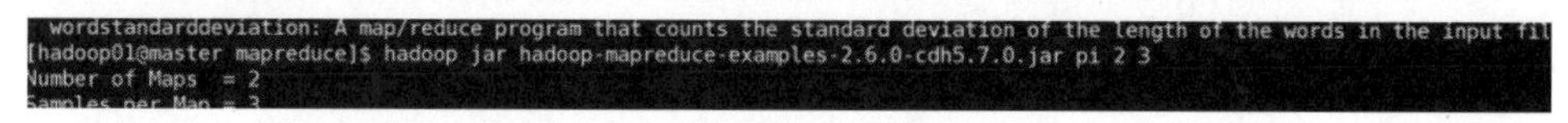

图 7-11

(3) 通过浏览器查看任务提交情况。

可以看到左侧菜单栏的 Applications 菜单下，显示的是 MapReduce 任务执行的各个阶段。右侧显示的是各个阶段下详细的节点信息，如图 7-12 所示。

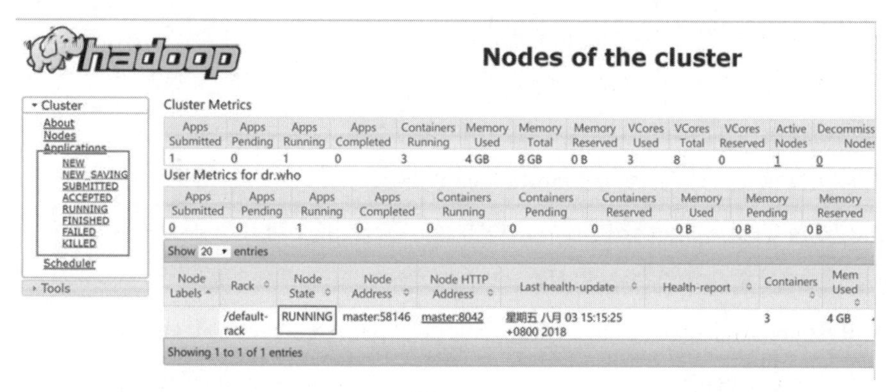

图 7-12

(4) 查看结果。

在控制台上可以看到 MapReduce 任务的执行过程，以及显示结果。效果如图 7-13 和图 7-14 所示。

```
18/08/03 15:16:13 INFO mapreduce.Job: Job job_1533279932782_0001 running in uber mode : false
18/08/03 15:16:13 INFO mapreduce.Job:  map 0% reduce 0%
18/08/03 15:16:39 INFO mapreduce.Job:  map 50% reduce 0%
18/08/03 15:16:40 INFO mapreduce.Job:  map 100% reduce 0%
18/08/03 15:16:51 INFO mapreduce.Job:  map 100% reduce 100%
18/08/03 15:16:52 INFO mapreduce.Job: Job job_1533279932782_0001 completed successfully
18/08/03 15:16:53 INFO mapreduce.Job: Counters: 49
```

图 7-13

```
Job Finished in 57.382 seconds
Estimated value of Pi is 4.00000000000000000000
```

图 7-14

单元小结

- YARN 产生的背景
- YARN 的架构
- YARN 的执行流程
- YARN 的环境搭建
- 提交作业到 YARN 上并执行

单元自测

选择题

1. 下面关于 YARN 的描述，不正确的是(　　)。

   A.YARN 指 Yet Another Resource Negotiator，是另一种资源协调者

   B.YARN 只支持 MapReduce 一种分布式计算模式

   C.YARN 最初是为了改善 MapReduce 的实现

   D.YARN 的引入为集群利用率、资源统一管理和数据共享等方面带来了巨大好处

2. YARN 的四大基本组件不包括(　　)。

   A. ResourceManager　　B. ApplicaitonMaster

   C. NodeManager　　D. ConstructionManager

3. YARN 调度任务的步骤中，不包括(　　)。

   A. 客户端向 ResourceManager 提交应用

   B. 启动 Container 和 ApplicationMaster

   C. NodeManager 在 Container 中启动任务

D. ResourceManager 向 Client 反馈消息

4. YARN 解决 MapReduce 的问题中，不包括(　　)。

A. 上传工具不足　　B. 可靠性不足

C. 资源利用率低　　D. 无法支持异构计算框架

5. 要在 YARN 环境配置中启动 YARN 的相关进程，则使用(　　)。

A. sbin/begin-yarn.sh　　B. sbin/end-yarn.sh

C. sbin/start-yarn.sh　　D. sbin/stop-yarn.sh

6. 启动 YARN 后，jps 能看到的守护进程有(　　)。

A. DataNode　　B. NodeManager

C. ResourceManager　　D. NameNode

7. YARN Web 界面默认占用的端口是(　　)。

A. 50070　　B. 8088

C. 50090　　D. 9000

■ 问答题

1. YARN 产生的原因是什么？

2. 简述 YARN 的体系结构，并说明 ResourceManager 组件、NodeManager 组件、ApplicationManager 组件、Container 组件的作用。

3. 简述 YARN 的执行流程。

■ 上机题

1. 配置 YARN 环境并编写操作手册，且附上截图。

2. 对于两个输入的文件 A 和 B，请编写 MapReduce 程序，对这两个文件进行合并，并删除其中重复的内容，得到一个新的输出文件 C。

- 文件 A：

20150101x

20150102y

20150103x

20150104y

20150105z

20150106x

- 文件 B：

20150101y

20150102y

20150103x

20150104z

20150105y

Hive初识

课程目标

- ❖ 认识 Hive 数据仓库
- ❖ 掌握 Hive 的安装和配置
- ❖ 掌握 Hive 的基本操作

简介

Hive 是基于 Hadoop 的一个数据仓库工具，用来进行数据提取、转化、加载，这是一种可以存储、查询和分析存储在 Hadoop 中的大规模数据的机制。Hive 数据仓库工具能将结构化的数据文件映射为一张数据库表，并提供 SQL 查询功能，且能将 SQL 语句转变成 MapReduce 任务来执行。Hive 的优点是学习成本低，可以通过类似 SQL 语句实现快速 MapReduce 统计，使 MapReduce 变得更加简单，而不必开发专门的 MapReduce 应用程序。Hive 十分适合对数据仓库进行统计分析。

8.1 认识 Hive

8.1.1 Hive 产生的原因

本书单元五中介绍了 MapReduce 运算框架，我们需要通过 Java 编码的形式来实现设计运算过程，这对开发者的编程能力提出了更高的要求，难道没有门槛更低的方式来实现运算的设计吗？Hive 出现的目的就是为了解决这个问题。

随着 Hadoop 越来越流行，一个问题也随之产生：用户如何从现有的数据基础架构转移到 Hadoop 上，而所谓的数据基础架构，大都基于传统关系型数据库(RDBMS)和结构化语言(SQL)。这就是 Hive 出现的原因，Hive 的设计目的是为了让那些精通 SQL 技能但 Java 技能较弱的数据分析师能够利用 Hadoop 进行各种数据分析，对于前面的 wordcount 例子，Java 代码大概在 80 行左右，这对于经验丰富的 Java 开发工程师来说并不是易事，但如果用 Hive 的查询语言(即 HiveQL)来完成的话，只要几行代码即可。HiveSQL 的语法和 SQL 非常类似。在实际开发中，80%的操作都不会由 MapReduce 程序直接完成，而是由 Hive 完成，所以 Hive 本身实践性非常强，并且使用频率非常高，只需要对 SQL 熟练使用即可。

更加专业的解释是，Hive 是基于 Hadoop 构建的一套数据仓库分析系统，它提供了一系列的工具，可以用来进行数据提取转化加载(ETL)。Hive 定义了简单的类 SQL 查询语言，称为 HiveQL，它允许熟悉 SQL 的用户查询数据。HiveQL 允许用户进行和 SQL 相似的操作，它可以将结构化的数据文件映射为一张数据库表，并提供简单的 SQL 查询功能。还允许开发人员方便地使用 Mapper 和 Reducer 操作，可以将 SQL 语句转换为 MapReduce 任务运行，这对于担心 MapReduce 框架中繁杂操作的开发者来说如同沙漠中的甘霖。

Hive 的体系结构主要分为以下几个部分，如图 8-1 所示。

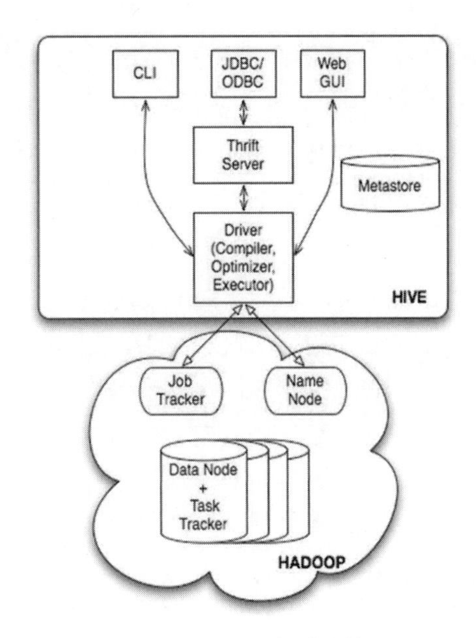

图 8-1 Hive 体系结构

8.2 Hive 的安装和配置

8.2.1 安装 MySQL

与 Hadoop 类似，Hive 也有 3 种运行模式：

1. 内嵌模式

将元数据保存在本地内嵌的 Derby 数据库中，这是使用 Hive 最简单的方式。但是这种模式有比较明显的缺点，因为一个内嵌的 Derby 数据库每次只能访问一个数据文件，这也就意味着它不支持多会话连接。

2. 本地模式

这种模式是将元数据保存在本地独立的数据库中(一般是 MySQL)，这就可以支持多会话和多用户连接。

3. 远程模式

此模式应用于 Hive 客户端较多的情况。把 MySQL 数据库独立出来，将元数据保存在远端独立的 MySQL 服务中，避免了在每个客户端都安装 MySQL 服务从而造成冗余浪费的情况。

在生产环境中一般使用的是本地模式或者远程模式，在这两种模式下 Hive 需要 MySQL 数据库的支持，所以在安装 Hive 前必须先安装 MySQL 数据库。安装方式可以选择在线安装或离线安装。下面将介绍如何在当前环境下离线安装 MySQL。安装步骤如下：

(1) 查看当前环境下有无 MySQL，使用命令“rpm –qa | grep MySQL”，效果如图 8-2 所示。

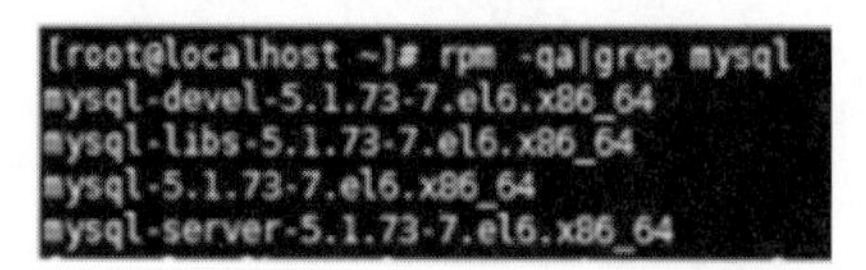

图 8-2

(2) 删除原有的 mariadb(否则安装时会报错)，代码如图 8-3 所示。

```
[hadoop@master mysql]$ rpm -qa|grep mariadb
mariadb-libs-5.5.60-1.el7_5.x86_64
```

```
[hadoop@master mysql]$ sudo rpm -e --nodeps mariadb-libs
```

图 8-3

(3) 下载并安装 MySQL，可以在 https://downloads.MySQL.com/archives/community/的网站下载，如图 8-4 所示。

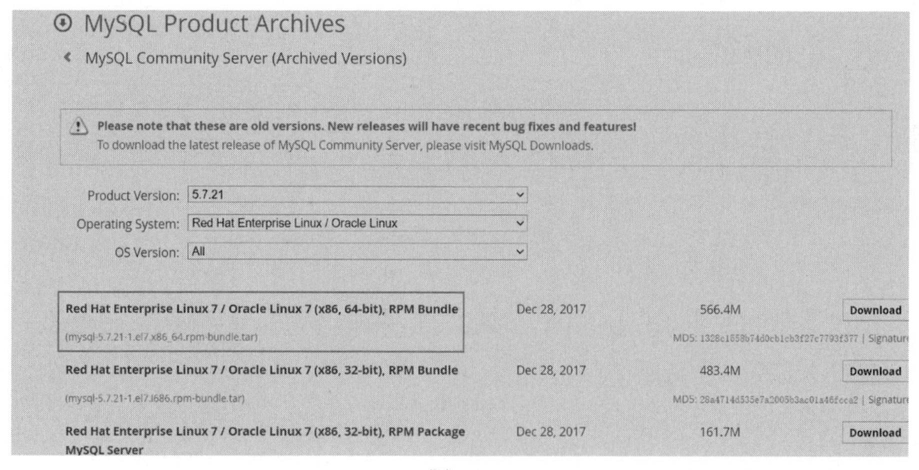

图 8-4

(4) 安装 MySQL 服务。

下载到 Linux 的 software 的目录下进行解压，使用命令“tar -xvf mysql-5.7.21-1.el7.x86_64.rpm-bundle.tar -C ~/app/”，效果如图 8-5 所示。

```
[hadoop@master software]$ tar -xvf mysql-5.7.21-1.el7.x86_64.rpm-bundl
e.tar -C ~/app/
mysql-community-embedded-devel-5.7.21-1.el7.x86_64.rpm
mysql-community-minimal-debuginfo-5.7.21-1.el7.x86_64.rpm
mysql-community-common-5.7.21-1.el7.x86_64.rpm
mysql-community-libs-compat-5.7.21-1.el7.x86_64.rpm
mysql-community-embedded-compat-5.7.21-1.el7.x86_64.rpm
mysql-community-server-minimal-5.7.21-1.el7.x86_64.rpm
mysql-community-client-5.7.21-1.el7.x86_64.rpm
mysql-community-server-5.7.21-1.el7.x86_64.rpm
mysql-community-embedded-5.7.21-1.el7.x86_64.rpm
mysql-community-test-5.7.21-1.el7.x86_64.rpm
mysql-community-devel-5.7.21-1.el7.x86_64.rpm
```

图 8-5

(5) 安装 MySQL。

使用“rpm -ivh xxx”命令，依次安装解压后的文件，效果如图 8-6 所示。

```
sudo rpm -ivh mysql-community-common-5.7.21-1.el7.x86_64.rpm
sudo rpm -ivh mysql-community-libs-5.7.21-1.el7.x86_64.rpm
sudo rpm -ivh mysql-community-devel-5.7.21-1.el7.x86_64.rpm
sudo rpm -ivh mysql-community-libs-compat-5.7.21-1.el7.x86_64.rpm
sudo rpm -ivh mysql-community-client-5.7.21-1.el7.x86_64.rpm
sudo rpm -ivh mysql-community-server-5.7.21-1.el7.x86_64.rpm
```

图 8-6

如果在安装过程中发现有如图 8-7 所示的安装错误，则是由于 YUM 安装了旧版本的 GPG keys，解决方法有两个：

```
[hadoop@master mysql]$ sudo rpm -ivh mysql-community-server-5.7.21-1.e
l7.x86_64.rpm
警告：mysql-community-server-5.7.21-1.el7.x86_64.rpm: 头V3 DSA/SHA1 Si
gnature, 密钥 ID 5072e1f5: NOKEY
错误：依赖检测失败：
        /usr/bin/perl 被 mysql-community-server-5.7.21-1.el7.x86_64 需
要
        net-tools 被 mysql-community-server-5.7.21-1.el7.x86_64 需要
        perl(Getopt::Long) 被 mysql-community-server-5.7.21-1.el7.x86_
64 需要
        perl(strict) 被 mysql-community-server-5.7.21-1.el7.x86_64 需
要
```

图 8-7

- 方法一：在安装命令后面加上 --force --nodeps，进行强制安装。
- 方法二：运行命令：rpm --import /etc/pki/rpm-gpg/RPM*。

(6) 启动 MySQL 服务。

- 检查 MySQL 服务。

使用命令“systemctl status mysqld”检查 MySQL 服务是否启动，效果如图 8-8 所示。

```
[hadoop@master mysql]$ systemctl status mysqld
● mysqld.service - MySQL Server
   Loaded: loaded (/usr/lib/systemd/system/mysqld.service; enabled; ve
ndor preset: disabled)
   Active: inactive (dead)
     Docs: man:mysqld(8)
           http://dev.mysql.com/doc/refman/en/using-systemd.html
```

图 8-8

- 启动 MySQL 服务。

使用命令“systemctl start mysqld”启动 MySQL 服务，效果如图 8-9 所示。

```
[hadoop@master mysql]$ systemctl start mysqld
==== AUTHENTICATING FOR org.freedesktop.systemd1.manage-units ===
Authentication is required to manage system services or units.
Authenticating as: root
Password:
==== AUTHENTICATION COMPLETE ===
[hadoop@master mysql]$ systemctl status mysqld
● mysqld.service - MySQL Server
   Loaded: loaded (/usr/lib/systemd/system/mysqld.service; enabled; ve
ndor preset: disabled)
   Active: active (running) since 五 2021-01-08 18:35:25 CST; 3s ago
     Docs: man:mysqld(8)
           http://dev.mysql.com/doc/refman/en/using-systemd.html
  Process: 4863 ExecStart=/usr/sbin/mysqld --daemonize --pid-file=/var
/run/mysqld/mysqld.pid $MYSQLD_OPTS (code=exited, status=0/SUCCESS)
  Process: 4790 ExecStartPre=/usr/bin/mysqld_pre_systemd (code=exited,
 status=0/SUCCESS)
 Main PID: 4866 (mysqld)
   CGroup: /system.slice/mysqld.service
           └─4866 /usr/sbin/mysqld --daemonize --pid-file=/var/run/...
```

图 8-9

(7) 查询 root 随机密码。

MySQL 5.7 会在安装后为 root 用户生成一个随机密码，而不是像以往版本那样是空密码。可以在安全模式下修改 root 登录密码或者用随机密码登录修改密码。MySQL 为 root 用户生成的随机密码通过 mysqld.log 文件可以查找到，方法是使用命令“grep 'temporary password' /var/log/mysqld.log”，效果如图 8-10 所示。

```
[hadoop@master mysql]$ grep 'temporary password' /var/log/mysqld.log
2021-01-08T10:35:21.254237Z 1 [Note] A temporary password is generated
 for root@localhost: M=HbBtqQg9?c
```

图 8-10

(8) 修改 root 用户密码。

- 使用命令“mysql -u root -p 旧密码”登录 MySQL，如图 8-11 所示。

```
[hadoop@master mysql]$ mysql -u root -p
Enter password:
```


图 8-11

- 设置 MySQL 密码，使用命令“set PASSWORD FOR'root'@'localhost'=新密码”，效果如图 8-12 所示。

```
mysql> set PASSWORD FOR 'root'@'localhost'='Ww2-abc_123';
Query OK, 0 rows affected (0.00 sec)
```

图 8-12

注意：密码不能过于简单。

(9) 重新用新密码登录，方法是使用命令“mysql -u 用户名 密码”，效果如图 8-13 所示。

```
[hadoop@master mysql]$ mysql -u root -pWw2-abc_123
mysql: [Warning] Using a password on the command line interface can be
 insecure.
Welcome to the MySQL monitor.  Commands end with ; or \g.
Your MySQL connection id is 9
Server version: 5.7.21 MySQL Community Server (GPL)

Copyright (c) 2000, 2018, Oracle and/or its affiliates. All rights res
erved.

Oracle is a registered trademark of Oracle Corporation and/or its
affiliates. Other names may be trademarks of their respective
owners.

Type 'help;' or '\h' for help. Type '\c' to clear the current input st
atement.

mysql> 
```

图 8-13

(10) 使用命令“chkconfig mysqld on”设置开机自启动，效果如图 8-14 所示。

```
[hadoop@master mysql]$ chkconfig mysqld on
注意：正在将请求转发到“systemctl enable mysqld.service”。
==== AUTHENTICATING FOR org.freedesktop.systemd1.manage-unit-files ===
Authentication is required to manage system service or unit files.
Authenticating as: root
Password:
==== AUTHENTICATION COMPLETE ===
==== AUTHENTICATING FOR org.freedesktop.systemd1.reload-daemon ===
Authentication is required to reload the systemd state.
Authenticating as: root
Password:
==== AUTHENTICATION COMPLETE ===
```

图 8-14

(11) 使用代码“create database hive;”，创建 Hive 数据库用来保存 Hive 元数据。

(12) 授权 hadoop(操作系统用户)用户操作数据库 Hive 中的所有表，使用命令“grant all on hive.* to hadoop@'master'identified by'hadoop 的登录密码';flush privileges;”如果出现如图 8-15 的错误，说明是由于 MySQL 5.7 的安全策略问题，需要修改安全策略。

```
mysql> grant all on hive.* to hadoop@'master' identified by 'hadoop';
ERROR 1819 (HY000): Your password does not satisfy the current policy
requirements
```

图 8-15

修改安全策略的步骤如下。

① 查看 MySQL 初始的密码策略，使用命令“SHOW VARIABLES LIKE 'validate_password%';”，如图 8-16 所示。

```
mysql> SHOW VARIABLES LIKE 'validate_password%'
    -> ;
+--------------------------------------+--------+
| Variable_name                        | Value  |
+--------------------------------------+--------+
| validate_password_check_user_name    | OFF    |
| validate_password_dictionary_file    |        |
| validate_password_length             | 8      |
| validate_password_mixed_case_count   | 1      |
| validate_password_number_count       | 1      |
| validate_password_policy             | MEDIUM |
| validate_password_special_char_count | 1      |
```

图 8-16

② 需要设置密码的验证强度等级，使用命令“set global validate_password_policy=LOW”，如图 8-17 所示。

```
mysql>  set global validate_password_policy=LOW
    -> ;
Query OK, 0 rows affected (0.00 sec)
```

图 8-17

③ 重新设置密码长度，使用命令“set global validate_password_length=6;”，如图 8-18 所示。

```
mysql> set global validate_password_length=6;
Query OK, 0 rows affected (0.00 sec)
```

图 8-18

8.2.2 安装 Hive

在之前的小节中我们已经了解到，Hive 是基于 Hadoop 文件系统的数据仓库。因此，安装 Hive 之前必须确保 Hadoop 已经成功安装，然后才能开始安装 Hive。

(1) 下载 Hive。

在 CDH 官网下载压缩文件 hive-1.1.0-cdh5.7.0.tar.gz，如图 8-19 所示。

```
hive-1.1.0-cdh5.7.0.tar.gz
hive-1.1.0-cdh5.7.0/
hive-1.1.0-cdh5.7.1-changes.log
hive-1.1.0-cdh5.7.1-package-changes.log
hive-1.1.0-cdh5.7.1-package-since-last-release-changes.log
```

图 8-19

(2) 解压文件 hive-1.1.0-cdh5.7.0.tar.gz。

使用命令"tar -zxvf ~/software/hive-1.1.0-cdh5.7.0.tar.gz －C ~/app"，解压安装到指定目录之下。

(3) 修改 hive-site.xml 文件。

在 Hive 解压文件的 conf 目录中使用 hadoop01 用户创建文件 hive-site.xml，如图 8-20 所示。

```
<configuration>
    <property>
    <name>javax.jdo.option.ConnectionURL</name>
        <value>jdbc:mysql://master:3306/hive?createDatabaseIfNotExist=
true</value>
        </property>
    <property>
        <name>javax.jdo.option.ConnectionDriverName</name>
        <value>com.mysql.jdbc.Driver</value>
    </property>
    <property>
        <name>javax.jdo.option.ConnectionUserName</name>
        <value>hadoop</value>
    </property>
    <property>
        <name>javax.jdo.option.ConnectionPassword</name>
        <value>hadoop</value>
    </property>
</configuration>
```


图 8-20

(4) 修改 hive-env.xml 文件，追加如图 8-21 所示的内容，追加 JAVA_HOME 和 HADOOP_HOME 配置。

```
# export HIVE_CONF_DIR=

# Folder containing extra libraries required for hive compilation/e
n be controlled by:
# export HIVE_AUX_JARS_PATH=
export JAVA_HOME=/home/hadoop01/app/jdk1.7.0_79
export HADOOP_HOME=/home/hadoop01/app/hadoop-2.6.0-cdh5.7.0
```

图 8-21

(5) 导入 MySQL 的 JDBC 驱动 jar 包。

在 Hive 解压目录的 lib 文件夹下添加 MySQL 的 JDBC 驱动，如图 8-22 所示。

```
log4j-1.2.16.jar
logredactor-1.0.3.jar
mail-1.4.1.jar
maven-scm-api-1.4.jar
maven-scm-provider-svn-commons-1.4.jar
maven-scm-provider-svnexe-1.4.jar
metrics-core-3.0.2.jar
metrics-json-3.0.2.jar
metrics-jvm-3.0.2.jar
mysql-connector-java-5.1.45-bin.jar
mysql-connector-java-5.1.45.tar.gz
opencsv-2.3.jar
oro-2.0.8.jar
paranamer-2.3.jar
parquet-hadoop-bundle-1.5.0-cdh5.7.0.jar
pentaho-aggdesigner-algorithm-5.1.5-jhyde.jar
php
plexus-utils-1.5.6.jar
py
```

图 8-22

(6) 配置环境变量。

在/etc/profile 文件末尾追加 Hive 的环境变量，如图 8-23 所示。

```
export JAVA_HOME=/home/hadoop01/app/jdk1.7.0_79
export PATH=$JAVA_HOME/bin:$PATH
export HADOOP_HOME=/home/hadoop01/app/hadoop-2.6.0-cdh5.7.0
export PATH=$HADOOP_HOME/bin:$PATH
export HIVE_HOME=/home/hadoop01/app/hive-1.1.0-cdh5.7.0
export PATH=$HIVE_HOME/bin:$PATH
```

图 8-23

8.2.3 验证安装

安装完 Hive 后，需要对 Hive 进行验证，确定安装无误。

首先启动 Hadoop 和 MySQL，然后执行 Hive。

进入 Hive 命令行，执行命令，创建一个名为 test 的表，并查询该表的记录数。

```
create table test(id int);
select count(*) from test;
```

观察结果，如图 8-24 所示。

```
Total MapReduce CPU Time Spent: 3 seconds 150 msec
OK
0
```

图 8-24

8.3 Hive 操作快速入门

在安装完毕 Hive 后，我们来看看 Hive 的最基本操作，在 8.1 节中我们提到 Hive 可以使用一种类 SQL 的语句来进行数据操作，也就是说现在可以使用 SQL 的数据处理思路来考虑大数据的处理问题。在 SQL 中最简单也是最基础的操作有 4 个：建立数据库、创建数据表、插入数据、查询数据。

我们使用对比的方式来看看 Hive 和 SQL 在进行建立数据库、创建数据表、插入数据、查询数据这些操作中相似和不同的地方。

1. 创建数据库的方式对比

(1) 在 SQL 中创建数据库，程序如图 8-25 所示。

```
mysql> create database Test;
Query OK, 1 row affected (0.00 sec)
```

图 8-25

(2) 在 Hive 中创建数据库，程序如图 8-26 所示。

```
hive> create database Test;
OK
Time taken: 1.232 seconds
```

图 8-26

可以发现 SQL 和 Hive 创建数据库的语法是一致的。

2. 创建数据表的方式对比

(1) 在 SQL 中创建数据表，程序如图 8-27 所示。

```
mysql> use Test;
Database changed
mysql> create table dept
    -> (
    ->   did int ,
    ->   dname varchar(20),
    ->   dlocal varchar(20)
    -> )
    -> ;
Query OK, 0 rows affected (0.02 sec)
```

图 8-27

(2) 在 Hive 中创建数据表，程序如图 8-28 所示。

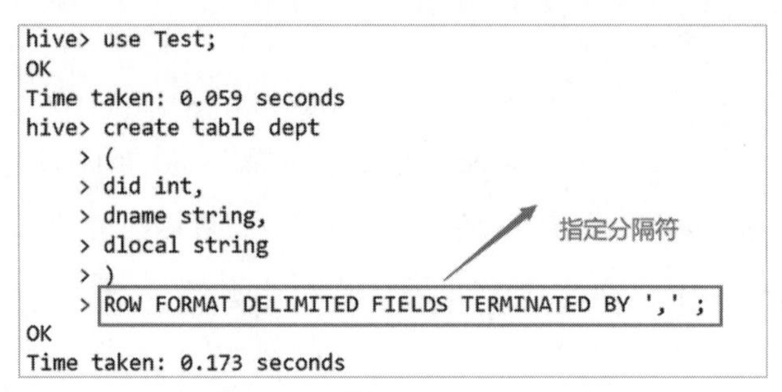

```
hive> use Test;
OK
Time taken: 0.059 seconds
hive> create table dept
    > (
    > did int,
    > dname string,
    > dlocal string
    > )
    > ROW FORMAT DELIMITED FIELDS TERMINATED BY ',' ;
OK
Time taken: 0.173 seconds
```


图 8-28

可以发现 SQL 和 Hive 创建数据表的语法几乎是一致的。

3. 插入数据对比

(1) 在 SQL 中插入数据，代码如图 8-29 所示。

```
mysql> insert into dept values(10,'ACCOUNTING','NEW_YORK');
Query OK, 1 row affected (0.01 sec)
```

图 8-29

(2) 在 Hive 中插入数据，代码如图 8-30 所示。

```
hive> load data local inpath '/home/hmaster/data/dept.txt' into table dept;
Loading data to table test.dept
Table test.dept stats: [numFiles=1, totalSize=83]
OK
Time taken: 1.888 seconds
```

图 8-30

在插入数据方式上，SQL 和 Hive 有差异，SQL 主要以 DML 语句为主，而 Hive 主要是导入数据的方式，主要原因在于数据的存储形式不同，Hive 中的数据是以 Linux 文件的形式来进行存储。

4. 查询数据对比

(1) 在 SQL 中查询数据，如图 8-31 所示。

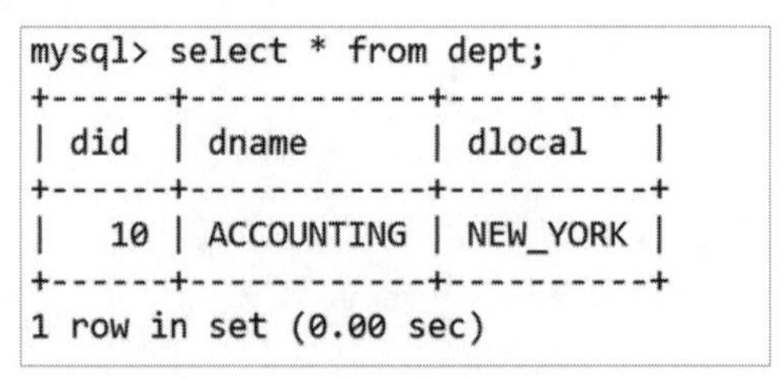

```
mysql> select * from dept;
+------+------------+----------+
| did  | dname      | dlocal   |
+------+------------+----------+
|   10 | ACCOUNTING | NEW_YORK |
+------+------------+----------+
1 row in set (0.00 sec)
```

图 8-31

(2) 在 Hive 中查询数据，如图 8-32 所示。

```
hive> select * from dept;
OK
10      ACCOUNTING      NEW_YORK
20      RESEARCH        DALLAS
30      SALES   CHICAGO
40      OPERATIONS      BOSTON
Time taken: 0.747 seconds, Fetched: 4 row(s)
```

图 8-32

可以发现，查询语句上 Hive 借鉴了 SQL 的 DML 查询语法。

单元小结

- 认识 Hive
- Hive 的安装和配置
- Hive 操作快速入门

单元自测

选择题

1. Hive 是建立在(　　)之上的一个数据仓库。

A. HDFS　　B. MapReduce

C. Hadoop　　D. HBase

2. Hive 查询语言和 SQL 的不同之处在于(　　)操作。

A. Group by　　B. Join

C. Partition　　D. Union

3. 下面(　　)类型间的转换是被 Hive 查询语言支持的。

A. Double→Number　　B. BIGINT→DOUBLE

C. INT→BIGINT　　D. STRING→DOUBLE

4. Hive 默认的构造是存储在(install-dir)/conf/(　　)的。

A. hive-core.xml　　B. hive-default.xml

C. hive-site.xml　　D. hive-lib.xml

5. Hive 查询语言中的算术操作符的返回结果是(　　)类型。

A. Number　　B. Int

C. Bigint　　D. String

6. Hive 加载数据文件到数据表中的关键语法是(　　)。

A. LOAD DATA [LOCAL] INPATH filepath [OVERWRITE] INTO TABLE tablename

B. INSERTDATA [LOCAL] INPATH filepath[OVERWRITE]INTO TABLE tablename

C. LOAD DATA INFILE d：\car.csv APPEND INTO TABLE t_car_temp FIELDS TERMINATED BY

■ 问答题

Hive 与 MapRedce 操作是什么关系？Hive 的优势和缺点是什么？

■ 上机题

1. 在本机上正确安装 Hive 环境，并正常运行。

2. 查看日志文件 emp.txt，要求对日志文件进行如下操作：

(1) 根据该日志文件内容创建对应的 Hive 数据库和数据表。

(2) 导入日志到 HDFS 保存。

(3) 从 HDFS 中加载数据到 Hive 表中。

(4) 通过 Hive 表中的数据完成如下操作：

① 查询所有员工信息。

② 查询员工编号、员工姓名和工资。

③ 查询工资大于 2000 的员工姓名和职位。

④ 查询每个部门的员工人数。

⑤ 查询有奖金的员工人数。

⑥ 统计所有员工的工资总和。

⑦ 统计每个部门员工的最高工资。

单元

九

电商用户行为分析项目实战

课程目标

- ❖ 了解用户行为日志的背景知识
- ❖ 了解项目基本情况
- ❖ 能够实现项目功能
- ❖ 能够实现项目功能的优化

简介

随着互联网的发展，网上购物已成为一种趋势，但同时各大电商平台的竞争也愈发激烈。各大电商平台都在探索如何在数据中发现用户的购物习惯；发现用户在购物时，电商平台各个环节存在的问题，提出解决办法以提高服务，让消费者更加乐于在本平台消费。得益于大数据的发展，现在各大电商平台都在使用大数据的数据存储和分析框架来实现对用户的行为数据进行全方位的记录和分析，以实现对各类用户的精准营销。

9.1 背景知识

电商行业是最早将大数据用于精准营销的行业，它可以根据消费者的习惯提前生产物料和进行物流管理，这样有利于社会的精细化生产。随着电子商务越来越集中，行业中的数据量变得越来越大，并且种类非常多。未来，电子商务中大数据分析主要包括消费趋势、区域消费特征、顾客消费习惯、消费者行为、消费热点和影响消费的重要因素。

在本单元中我们将借助大数据的核心技术 HDFS+MapReduce 以及 Hive 的相关知识，一步步完成运用于电商平台的一些用户数据分析业务，例如：网站总流量统计，根据省份统计用户浏览量，不同页面的浏览量统计等。

有别于传统开发，大数据分析有自己的一套方法和模式，以及一些基础知识。接下来先介绍电商平台用户行为数据分析的核心——用户行为日志。

9.1.1 用户行为日志简介

在电商项目中(如淘宝、京东这样的平台)，我们经常发现，当浏览网页一段时间后，网站的部分内容会根据我们的浏览习惯发生变化，比如页面布局、商品排列、推荐的商品等。又比如在天猫和京东这样的电商平台，商品分类非常多，这么多分类该如何排列，是一级菜单还是二级菜单，菜单应该放在什么位置，应该用什么颜色等，这些是怎样决定的？这就要借助电商平台通过对用户行为日志做分析，来对客户进行精准定位和个性化服务，这就是未来互联网应用的发展方向。

1. 用户行为概述

对用户行为进行分析，要将其定义为各种事件。比如用户搜索是一个事件，在什么时间、什么平台、上哪一个 ID、做了搜索、搜索的内容是什么。这是一个完整的事件，也是对用户行为的一个定义；我们可以在网站或 App 中定义千千万万个这样的事件。

有了这样的事件以后，就可以把用户行为连起来观察。用户首次进入网站后就是一个新用户，他可能要注册，那么注册行为就是一个事件。注册要填写个人信息，之后他可能开始搜索买东西，所有这些都是用户行为的事件。

2. 做用户行为分析的重要性

只有做了用户行为分析，才能知道用户画像，才能知道用户在网站上个各种浏览、单击、购买背后的商业真相。简单来说，分析的主要方式就是关注用户流失，尤其是对转化有要求的网站。我们希望用户不要流失，上来之后不要走。像很多 O2O 产品，用户一上线就有很多补贴。这样的产品或者商业模式其实并不佳，我们希望用户真正找到平台的价值，用户数不断增加，且不会流失。用户行为分析主要帮助分析用户是怎样流失、为什么流失、在哪里流失。

比如最简单的一个搜索行为：某一个 ID 在什么时间搜索了什么关键词、看了哪一页、有哪几个结果，同时这个 ID 在哪个时间下单购买了，整个行为都非常重要。如果中间用户对搜索结果不满意，他肯定会再搜一次，把关键词换成其他内容，然后才能够搜索到结果。

当电商平台有了很多用户行为数据、定义事件之后，就可以把用户数据做成一个按小时、按天，或者按用户级别、事件级别拆分的一张表。通过这张表可以知道用户最简单的事件，比如登录或者是购买，也可以知道哪些是优质客户、哪些是即将流失的客户，这样的数据每天或每个小时都能看到。

从用户的一次访问记录就可获取大量的信息，如图 9-1 所示。

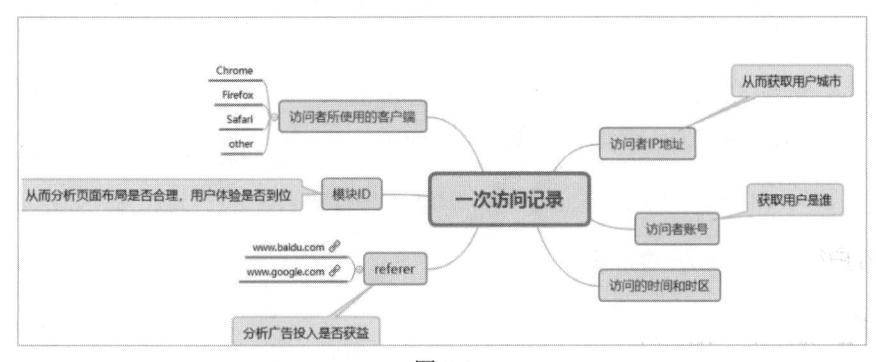

图 9-1

3. 用户行为分析的五大场景

获取用户的行为数据以后，我们就可应用在以下场景中。

(1) 拉新。也就是获取新用户。

(2) 转化。电商特别注重订单转化率。

以注册转化漏斗为例，第一步需要知道网页上有哪些注册入口，很多网站的注册入口不只一个，需要定义每个事件；我们还想知道下一步多少人、多少百分比的人单击了注册按钮、多少人打开了验证页；多少人登录了，多少人完成了整个完整的注册。

期间每一步都会有用户流失，漏斗做完后，就可以直观看到每个环节的流失率。

(3) 促活。即如何让用户经常使用我们的产品。

我们可以分析具体的用户行为，比如访问时长，在哪个页面上停留时间特别长，尤其在 App 上会特别明显。再就是完善用户画像，通过用户行为分析做用户画像是比较准的。

举个例子，美国有一个非常有名的在线视频网络——Netflix。Netflix 通过用户行为分析，可以对用户的一家人都进行精准分析定义。比如，一家有多少人，是大人还是小孩，家庭最喜欢看的是哪三部电影。用户的行为输出越多，Netflix 的推荐就会越精准。

(4) 留存。提前发现可能流失的用户，降低流失率。

用户流失不是说一下子就流失了。用户的一些细微的、小的行为，就能预示他将来会流失。

LinkedIn 会追踪用户的使用行为。比如，有没有登录、登录之后有没有搜简历、有没有上传简历等。用户这些点点滴滴的行为都很重要。有了这些数据支撑，LinkedIn 的销售人员每天都会看用户报告，最简单的就是用户使用行为有没有下降、哪些行为下降、哪些用户用得特别好等，以此来维护用户关系。

(5) 变现。发现高价值用户，提高销售效率。

LinkedIn 是一家 B2C 及 B2B 的公司，在全球有 4 亿用户，有很多真实用户的简历信息。B2B 的业务是 LinkedIn 为每一个企业的 HR 定制的，目的是帮助企业寻找中高端人才，其中有很多不同的产品线。LinkedIn 本身就是一个社交网络，用户不管是经理、总监，还是业务员，市场的、销售的等相关数据在 LinkedIn 上都聚合成一个公司的纬度。

有了这个公司的纬度之后，LinkedIn 就能够很快让销售人员卖给客户。比如要跟某企业谈业务，最能震撼到该企业 HR 的数据可能就是人才流失率的列表。

4. 用户行为日志分析的方法

(1) 数据量比较小的场景

在这种情况下，我们使用一台机器结合一些分析工具就可以解决，日志文件也许只是几十兆字节、几百兆字节或者几十兆字节。

(2) 大数据场景

当日志文件容量达到百兆字节以上，单机可能就无法胜任了，我们可以使用大数据架构来进行分析，常见的分析流程如图 9-2 所示。

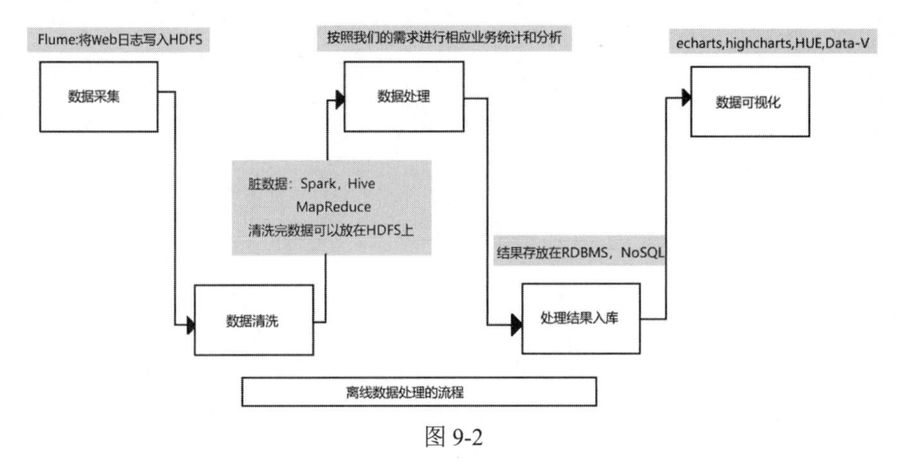

图 9-2

9.2　项目基本介绍

9.2.1　用户日志分析

用户每次访问网站时，所有的行为数据(访问、浏览、搜索、单击等)都会在服务器上留下痕迹，很多时候是以文件的形式保存在服务器的特定位置。接下来就模拟电商网站的日志，进行用户行为的分析。

在进行日志分析之前，一项重要的工作就是了解日志的级别格式，因为在文本格式的日志中，每一行信息都记录了用户的不同行为(如访问、浏览、搜索、单击等)，不同的行为又以不同的约定格式表现，不同的电商平台对统一行为的格式约定也不一样，只有了解了日志的结构才能进行有效的数据分析。

如图 9-3 所示为项目的用户日志的具体内容。

```
[hmaster@master data]$ ls -lh
总用量 166M
-rw-rw-r--. 1 hmaster hmaster 8.0K 4月  20 11:03 access.log
-rw-rw-r--. 1 hmaster hmaster 1.4K 4月  22 20:24 access.log.backup
-rw-r--r--. 1 hmaster hmaster  622 4月  21 21:42 part-00000
-rw-r--r--. 1 hmaster hmaster  729 4月  21 21:42 part-00001
-rw-rw-r--. 1 hmaster hmaster 166M 5月  28 18:52 trackinfo_20130721.txt
-rw-rw-r--. 1 hmaster hmaster   38 3月  27 11:04 wc.txt
```

图 9-3

可以看到当前日志是名为 trackinfo_20130721.txt 的文本文件，它用来存储该电商平台 2013 年 7 月 21 日的用户日志记录，在真实情况下电商平台一天所生成的日志信息可能是几吉字节到几十吉字节不等。本节为了提高分析效率，只截取了其中一部分日志数据。

我们再进入文件看看日志的具体内容，如图 9-4 所示。

```
[hmaster@master data]$ vi trackinfo_20130721.txt

20946835322^Ahttp://www.yihaodian.com/1/?tracker_u=2225501&type=3^Ahttp://www.baidu.com/s?wd=1%E5%8F%B7%E5%BA%97&rsv_bp=0&ch=&tn=baidu&bar=&rsv_
spt=3&ie=utf-8&rsv_sug3=5&rsv_sug=0&rsv_sug1=4&rsv_sug4=313&inputT=4235^A1号店^A1^ASKAPHD3JZYH9EE9ACB1NGA9VDQHNJMX1NY9T^A^A^A^A^APPG4SWG71358HGR
JGQHQQBXY9GF96CVU^A2225501^A\N^A124.79.172.232^A^Amsessionid:YR9H5YU7RZ8Y94EBJNZ2P5W8DT37Q9JH,unionKey:2225501^A^A2013-07-21 09:30:01^A\N^Ahttp:
//www.baidu.com/s?wd=1%E5%8F%B7%E5%BA%97&rsv_bp=0&ch=&tn=baidu&bar=&rsv_spt=3&ie=utf-8&rsv_sug3=5&rsv_sug=0&rsv_sug1=4&rsv_sug4=313&inputT=4235^
A1^A^A\N^Anull^A-10^A^A^A^A^AMozilla/5.0 (compatible; MSIE 10.0; Windows NT 6.1; WOW64; Trident/6.0; SLCC2; .NET CLR 2.0.50727; .NET CLR 3.5.307
29; .NET CLR 3.0.30729; MATP; Media Center PC 6.0; .NET4.0C; InfoPath.2; .NET4.0E)^AWin32^A^A^A^A^A上海市^A1^A^A2013-07-21 09:30:01^A上海市^A^
A66^A^A^A^A^A\N^A\N^A\N^A\N^A2013-07-21
20947290187^Ahttp://www.yihaodian.com/ctg/s2/c5287-%E5%A4%A7%E7%B1%B3/b/a28186,28184-s1-v0-p1-price-d0-f0-m1-rt0-pid-k/1/^Ahttp://www.yihaodian.
com/ctg/s2/c5287-%E5%A4%A7%E7%B1%B3/b1879/a28186^A^A2^ASKAPHD3JZYH9EE9ACB1NGA9VDQHNJMX1NY9T^A^A^A^A^APPG4SWG71358HGRJGQHQQBXY9GF96CVU^A2225501^A
1^A124.79.172.232^A^Amsessionid:YR9H5YU7RZ8Y94EBJNZ2P5W8DT37Q9JH,uname:chen45311,unionKey:2225501^A^A2013-07-21 09:32:30^A134885852^Ahttp://www.
baidu.com/s?wd=1%E5%8F%B7%E5%BA%97&rsv_bp=0&ch=&tn=baidu&bar=&rsv_spt=3&ie=utf-8&rsv_sug3=5&rsv_sug=0&rsv_sug1=4&rsv_sug4=313&inputT=4235^A11^A0
^A\N^A1^A-10^A^A^A^A^AMozilla/5.0 (compatible; MSIE 10.0; Windows NT 6.1; WOW64; Trident/6.0; SLCC2; .NET CLR 2.0.50727; .NET CLR 3.5.30729; .NE
T CLR 3.0.30729; MATP; Media Center PC 6.0; .NET4.0C; InfoPath.2; .NET4.0E)^AWin32^A^A 93 ^A1^A^Asearch_order_2^A上海市^A1^Anull^A^A上海市^A^A66
^A^A^A^A^A\N^A\N^A\N^A\N^A2013-07-21
```

图 9-4

由于日志中记录了用户访问网站的各种各样的信息，内容太多，第一次接触会感觉无从下手。一般在一个日志中会有很多条记录，每一条占一行，该记录反映的是一条用户行为的相关信息，所以在图 9-4 的日志中，记录了多条用户的行为信息，而每一行就是一条用户行为信息，如图 9-5 所示。

```
20946835322^Ahttp://www.yihaodian.com/1/?tracker_u=2225501&type=3^Ahttp://www.baidu.com/s?wd=1%E5%8F%B7%E5%BA%97&rsv_bp=0&ch=&tn=baidu&bar=&rsv_
spt=3&ie=utf-8&rsv_sug3=5&rsv_sug=0&rsv_sug1=4&rsv_sug4=313&inputT=4235^A1号店^A1^ASKAPHD3JZYH9EE9ACB1NGA9VDQHNJMX1NY9T^A^A^A^A^APPG4SWG71358HGR
JGQHQQBXY9GF96CVU^A2225501^A\N^A124.79.172.232^A^Amsessionid:YR9H5YU7RZ8Y94EBJNZ2P5W8DT37Q9JH,unionKey:2225501^A^A2013-07-21 09:30:01^A\N^Ahttp:
//www.baidu.com/s?wd=1%E5%8F%B7%E5%BA%97&rsv_bp=0&ch=&tn=baidu&bar=&rsv_spt=3&ie=utf-8&rsv_sug3=5&rsv_sug=0&rsv_sug1=4&rsv_sug4=313&inputT=4235^
A1^A^A\N^Anull^A-10^A^A^A^A^AMozilla/5.0 (compatible; MSIE 10.0; Windows NT 6.1; WOW64; Trident/6.0; SLCC2; .NET CLR 2.0.50727; .NET CLR 3.5.307
29; .NET CLR 3.0.30729; MATP; Media Center PC 6.0; .NET4.0C; InfoPath.2; .NET4.0E)^AWin32^A^A^A^A^A上海市^A1^A^A2013-07-21 09:30:01^A上海市^A^
A66^A^A^A^A^A\N^A\N^A\N^A\N^A2013-07-21
```

图 9-5

每一行用户日志信息一般都由几段内容组合在一起，并使用空格或者\t 等分隔符进行连接。图 9-5 的这条记录使用“^A”分隔各种用户行为信息。每一段由“^A”分割的内容，都是用户的一种行为，我们摘取其中在项目中会用到的信息来说明。

日志字段说明：

(1) 第 2 个字段

http://www.yihaodian.com/1/?tracker_u=2225501&type=3，表示用户访问网站的 url 地址。

(2) 第 14 个字段

124.79.172.232，表示访问该网站的用户的 IP 地址。

(3) 第 18 个字段

2013-07-21 09:30:01，表示日志产生的时间。

以上 3 个字段是本次项目中会用到的日志信息。当然，在使用过程中并不是直接使用该信息，而是需要通过各种解析，把这些信息解析为对我们更有用的信息，例如，通过 IP 地址解析出用户所在的国家、省份、城市，通过 URL 解析出用户访问的页面 ID 信息。

9.2.2 常用的电商术语

在电商平台中需要通过很多维度进行数据的统计和分析，以此进行精准营销、网站改造等工作。在行业中由很多约定俗成的术语来表示相关的统计和分析。

- 浏览量(PV)：店铺各页面被查看的次数。用户多次打开或刷新同一个页面时，该指标值会被累加。
- 访客数(UV)：全店各页面的访问人数。所选时间段内，同一访客多次访问会进行去重计算。
- 进店时间：用户打开该页面的时间点，如果用户刷新页面，也会被记录下来。
- 停留时间：用户打开本店最后一个页面的时间点减去打开本店第一个页面的时间点(只访问一页的顾客停留时间暂无法获取，这种情况不统计在内，显示为“—”)。
- 到达页浏览量：到达店铺的入口页面的浏览量。
- 浏览回头客：指前 6 天内访问过店铺、当日又来访问的用户数，所选时间段内会进行去重计算。
- 平均访问深度：访问深度，是指用户一次连续访问的店铺页面数(即每次会话浏览的页面数)，平均访问深度即用户平均每次连续访问浏览的店铺页面数。“月报-店铺经营概况”中，该指标是所选月份日数据的平均值。
- 跳失率：表示顾客通过相应入口进入，只访问了一个页面就离开的访问次数占该入口总访问次数的比例。
- IP：即 Internet Protocol，指独立 IP。24 小时内相同 IP 地址只被计算一次。
- URL(统一资源定位符)；URL 给出任何服务器、文件、图像在网上的位置。用户可以通过超文本协议链接特定的 URL 而找到所需信息。也就是登录的网址。
- band width(带宽)：在某一时刻能够通过传播线路传输的信息(文字、图片、音频、视频)容量。带宽越高，网页的调用就越快。有限带宽使得各电商平台页面中的图片文件应尽可能地小。
- traffic(流量)：用户访问站点的数字和种类。

以上这些电商术语就是电商平台经常需要统计的数据指标。通过对这些指标进行收集、整理和分析，从而对用户行为进行全方位的分析，精准定位用户需求，给用户提供更优质的服务，以获取更丰厚的利润。

9.2.3　用户行为日志的意义

用户行为日志分析的根本意义在于利益。一个电商平台，用户通过手机访问，会产生流量，流量可以换取积分。又或者“双 11”购物节，为了鼓励大家用手机访问 App 进行购物，如果分析出用户是使用手机访问 App，或许能获得更大的商品折扣。还有，比如分析出老年用户在购买某类商品上的开支更多，推广团队会根据情况针对老年用户的购买习惯做更精准的商品推广。类似这些分析出来的日志信息可以帮助电商平台的运营团队或者推广团队，用来提升推广的效率或者质量。基于以上的特点，用户行为日志的意义在于：

(1) 可以充当网站的眼睛

通过日志分析可以得知，网站的访问者来自哪里，访问者在找什么东西，哪些页面最受欢迎，访问者是从哪个地方跳转过来的(是从百度还是360推广等)。

(2) 可以充当网站的神经

网站的布局是否合理对于用户的使用和推广效果是非常有影响力的。网站的排版和内容摆放不是随便放的，而应根据不同用户的需求进行调整，也就是所谓的千人千面，根据每个用户的购物习惯和爱好来呈现不一样的网站内容。

(3) 可以充当网站的大脑

根据网站用户访问日志，可以进行决策，最受欢迎的产品在哪些地区做重点推广，产品可以做哪些优化摆放，什么时候做网站搜索引擎的推广，如何设置推广预算，什么时候开展活动，等等。

9.3 项目需求分析

在进行实际的大数据开发工作之前，对项目功能的分析必不可少，通过梳理需求，明确项目功能和项目功能中的注意事项，可以更好地制定开发规划和方法，达到事半功倍的效果。

9.3.1 需求分析

本项目主要用于互联网电商企业，使用Hadoop技术开发的大数据统计分析平台，对电商网站的各种用户行为进行分析。用统计分析出来的数据，辅助公司中的产品经理、数据分析师以及管理人员分析现有产品的情况，并根据用户行为分析结果持续改进产品的设计，调整公司的战略和业务。最终达到用大数据技术来帮助提升公司的业绩、营业额以及市场占有率的目标。

本次项目需要完成3个数据统计分析功能：

(1) 统计页面的浏览量

统计页面的浏览量就是我们前面所提到的PV的概念。

(2) 统计各个省份的访问量

通过上面对日志的分析，发现日志中并没有省份的记录，那怎么办呢？一般情况下可以通过 IP 地址的信息解析出相关的区域信息，基于 IP 解析后的值再进行统计。在这个过程中不单单要进行日志的解析，还要进行 IP 的解析。

(3) 统计页面的访问量

每一个符合规则的页面的访问量，需要在日志中通过 URL 提取出所需要的信息，根据这个信息再做访问量的统计。

9.3.2　数据处理流程

在进行完需求分析后，在大数据开发中编写优码还不是接下来的环节，我们还需要了解在生产环境中大数据项目的开发流程，便于建立大数据开发的基本框架和思路。

大数据的开发流程基本分为数据采集、数据清洗、数据处理、数据的处理结果入库、数据可视化展示 5 个环节，每个环节都会用到一到多个大数据生态圈中的工具。

1. 数据采集

一般用 Flume 工具，它是专门用来把数据从一个地方(nginx 产生日志的地方)搬运到另一个地方(HDFS)的数据处理框架。

2. 数据清理

对于脏数据(就是不适用的数据)，清洗工具可以是 Spark SQL、Hive 或 MapReduce，清洗完之后的数据可以存放在 HDFS(Hive/Spark SQL)上。

3. 数据处理

即按照需要进行相关的业务统计和分析，工具有 Spark SQL、Hive、MapReduce 等其他一些分布式计算框架。

4. 数据的处理结果入库

结果可以存放到 MySQL 等关系型数据库、NoSQL(HBase、Redis、ES 等)或者是 HDFS 上。

5. 数据的可视化展示

可以通过饼图、柱状图、地图、折线图(典型的技术选型 Echarts(百度开源)、HUE、Zeppelin)等图形化方式展示出来。

接下来看一下本项目的数据执行流程(本教程的内容并不会涉及大数据开发生产环节中的所有环节，例如：数据可视化展示环节)，如图 9-6 所示。

- 将集群外部的trackinfo.data文件加载到Hadoop集群中的HDFS文件系统中的对应目录下。
- 在集群中使用MapReduce对日志文件进行数据的分析处理，并将分析的结果重新存储到HDFS文件系统中。
- 将HDFS文件系统中保存的分析数据通过Sqoop等工具导入到关系型数据库中，例如：MySQL。
- 使用可视化技术，根据需要使用不同的方式展示MySQL中保存的分析数据。

其流程如图9-6所示。

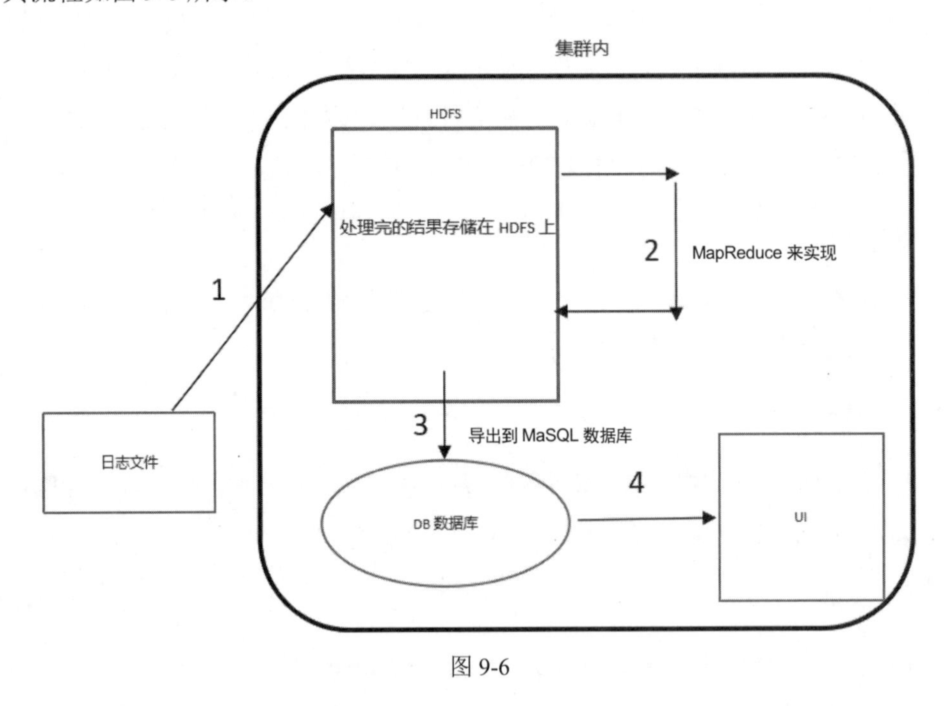

图9-6

9.4 实现项目功能

9.4.1 各省份浏览量统计功能实现

首先用易于理解的SQL语句来解释，所谓的各个省份的浏览量就是按照省份进行分组，统计每个省份的访问量，SQL语句为select province count(1) from 表名 group by province，也就是说，需要先在整个记录文件trackinfo_20130721.data中找到有哪些省份信息。但若所有的记录中并不存在省份这个信息，该怎么办呢？

我们发现在每一行的记录中一定有一个IP信息，而经过解析可以通过IP信息获取用户的位置信息，当然也包括省份信息。而 IP 地址的解析方式很多，也有专业的公司和团队进行开发，提供对应的库和解析方式，且会随时更新，当然很多是要收费的。

(1) 省份浏览器统计之 IP 库解析

由于本次是课程项目，所以选择比较简单的免费方式。使用一个免费的库(qqwry.dat)和解析方式(IPParser.Java)，使用方法如下；

IPTest 类：

```
public class IPTest{
public static void main(String[] args){
        //解析 IP 地址
        IPParser.RegionInfo regionInfo = IPParser.getInstance().analyseIp(“123.116.60.7”);
        //得到国家名称
        System.out.println(regionInfo.getCountry);
        //得到省份名称
System.out.println(regionInfo.getProvince());
        //得到城市名称
        System.out.println(regionInfo.getCity);
}
}
```

(2) 省份浏览器统计之日志解析

从上面的 IP 解析中，可以知道只要获得 IP 就可以解析出省份信息，但 IP 信息来自于日志文件，日志中每一行表示一个用户的访问信息，在这一行的某一个字段表示的是 IP，那么现在就需要从这一行中把 IP 截取出来，再通过截取出来的 IP 来解析省份信息。

首先创建定义给解析 IP 的工具类 LogParser：

```
public class LogParser{
    private Logger logger = LoggerFactory.getLogger(LogParser.class);
    public Map < String, String > parse(String log)
    {
        Map < String, String > logInfo = new HashMap < String, String > ();
        //实例化 IP 地址解析类
        IPParser ipParse = IPParser.getInstance();
        //判断日志文件是否为空
        if(StringUtils.isNotBlank(log))
        {
            //根据分隔符^A(也就是\001)分割日志文件
            String[] splits = log.split("\001");
            //IP 地址是每行日志中的第 13 个字段
            String ip = splits[13];
            String url = splits[1];
            IPParser.RegionInfo regionInfo = ipParse.analyseIp(ip);
            logInfo.put("province", regionInfo.getProvince());
```

```
            }
            else
            {
                logger.error("日志记录的格式不正确： " + log);
            }
            return logInfo;
        }
    }
```

第 3 行：该方法返回一个 Map 值，该 Map 的主要目的是以 Map 集合的方式返回解析后的多个省份信息；方法的输入参数是 String log，表示日志的地址。

第 7 行：根据分隔符^A(也就是\001)分割日志文件。

第 8 行：IP 地址是每行日志中的第 13 个字段。

第 10~11 行：把解析出来的 IP 地址对应的地址信息分别使用 key-value 的形式保存到 Map 集合中。

(3) 省份浏览器统计之功能实现

在设计完工具类之后，我们来设计 MapReduce 类以实现省份统计浏览功能。前面提到过省份统计功能其实就是对省份进行分组，然后进行每组的组内统计，这个时候 Map 过程中的 KEY 就应该是省份，VALUE 的初始值是 1。

```
public class ProvinceStatApp {
public static void main(String[] args) throws Exception {
    Configuration configuration = new Configuration();
    // 如果输出目录已经存在，则先删除
    FileSystem fileSystem = FileSystem.get(configuration);
    Path outputPath = new Path("output/v1/provicestat");
    if(fileSystem.exists(outputPath)) {
        fileSystem.delete(outputPath，true);
    }
    Job job = Job.getInstance(configuration);
    job.setJarByClass(ProvinceStatApp.class);
    job.setMapperClass(MyMapper.class);
    job.setReducerClass(MyReducer.class);
    job.setMapOutputKeyClass(Text.class);
    job.setMapOutputValueClass(LongWritable.class);
    job.setOutputKeyClass(Text.class);
    job.setOutputValueClass(LongWritable.class);
    FileInputFormat.setInputPaths(job, new Path("/Users/rocky/data/trackinfo_20130721.data"));
    FileOutputFormat.setOutputPath(job, new Path("output/v1/provicestat"));
    job.waitForCompletion(true);
}
static class MyMapper extends Mapper<LongWritable, Text, Text, LongWritable> {
    private LogParser parser;
```

```
        private LongWritable ONE = new LongWritable(1);
        @Override
        protected void setup(Context context) throws IOException, InterruptedException {
            parser = new LogParser();
        }
        @Override
        protected void map(LongWritable key, Text value, Context context) throws IOException,
                InterruptedException {
            String log = value.toString();
            Map<String，  String> logInfo = parser.parse(log);
            if (StringUtils.isNotBlank(logInfo.get("ip"))) {
                IPParser.RegionInfo regionInfo =
                  IPParser.getInstance().analyseIp(logInfo.get("ip"));
                String province = regionInfo.getProvince();
                if (StringUtils.isNotBlank(province)) {
                    context.write(new Text(province), ONE);
                } else {
                    context.write(new Text("-"), ONE);
                }
            } else {
                context.write(new Text("-"), ONE);
            }
        }
    }
    static class MyReducer extends Reducer<Text, LongWritable, Text, LongWritable> {
        @Override
        protected void reduce(Text key, Iterable<LongWritable> values, Context context) throws
               IOException, InterruptedException {
            long count = 0;
            for (LongWritable access；values) {
                count++;
            }
            context.write(key, new LongWritable(count));
        }
    }
    }
```

第 5~9 行：如果操作目录已经存在，会出现异常，所以第 5~9 行的作用是判断目录是否存在，如果存在，则删除已经存在的目录。

第 24 行：初始化省份的 VALUE 值为 1。

第 26~28 行：使用 Mapper 类中的 setup()初始化方法在执行 map 操作之前对 LogParser 类(IP 地址解析类)进行初始化。

第 31~32 行：获取日志后通过 LogParser 类的 parse 方法解析日志，之后获取含有所有地区信息的 Map 集合。

第 37~40 行：判断省份信息是否为空。如果不为空，则把省份名称和初始值 1 传入 Reduce；如果为空，则省份信息设置成“-”，初始值 1 设置传入 Reduce。

第 50~53 行：在 Reduce 阶段对每个 VALUE(也就是每个省份)进行累加求和，这就是每个省份的浏览量。

统计结果如图 9-7 所示(示意图)。

```
上海市    72898
云南省    1480
内蒙古自治区  1298
北京市    42501
台湾省    254
吉林省    1435
四川省    4442
天津市    11042
宁夏回族自治区 352
安徽省    5429
山东省    10145
山西省    2301
广东省    51508
广西壮族自治区 1681
新疆维吾尔族自治区 840
```

图 9-7

9.4.2 页面浏览统计功能实现

(1) 统计页面浏览量功能

统计页面浏览功能就是统计访问记录的总条数，从 SQL 角度来说就是聚合统计 count 的功能(select count(1) from 表)，当然现在我们还没有学习如何使用类 SQL 的方式进行统计。用 MapReduce 编程的方式，所要做的其实就是把一行记录做成一个固定的 key，然后 value 赋值为 1，在 Reduce 阶段解析累加操作就可以实现页面浏览量的统计功能，并不需要对每一行数据中的内容进行解析。

下面用代码来实现，先来看第一个版本的实现过程。

创建 PVStatApp 类：

```
public class PVStatApp {
public static void main(String[] args) throws Exception{
    Configuration configuration = new Configuration();
    // 如果输出目录已经存在，则先删除
    FileSystem fileSystem = FileSystem.get(configuration);
    Path outputPath = new Path("output/v1/pvstat");
    if(fileSystem.exists(outputPath)) {
        fileSystem.delete(outputPath, true);
    }
    Job job = Job.getInstance(configuration);
```

```
        job.setJarByClass(PVStatApp.class);
        job.setMapperClass(MyMapper.class);
        job.setReducerClass(MyReducer.class);
        job.setMapOutputKeyClass(Text.class);
        job.setMapOutputValueClass(LongWritable.class);
        job.setOutputKeyClass(Text.class);
        job.setOutputValueClass(LongWritable.class);
        FileInputFormat.setInputPaths(job，new Path("/Users/rocky/data/trackinfo_20130721.data"));
        FileOutputFormat.setOutputPath(job，new Path("output/v1/pvstat"));
        job.waitForCompletion(true);
    }
    static class MyMapper extends Mapper<LongWritable，Text，Text，LongWritable> {
        private LogParser parser;
        private LongWritable ONE = new LongWritable(1);
        private Text KEY = new Text("key");
        @Override
                protected void setup(Context context) throws IOException，InterruptedException {
            parser = new LogParser();
        }
        @Override
                protected void map(LongWritable key，Text value，Context context) throws
                                IOException，InterruptedException {
            context.write(KEY，ONE);
        }
    }
    static class MyReducer extends Reducer<Text，LongWritable，NullWritable，LongWritable> {
        @Override
                protected void reduce(Text key，Iterable<LongWritable> values，Context context)
                                    throws IOException，InterruptedException {
            long count = 0;
            for (LongWritable access：values) {
                count++;
            }
            context.write(NullWritable.get()，new LongWritable(count));
        }
    }
}
```

第 17~18 行：读入文件的输入路径，以及统计后的输出路径。

第 23~24 行：在 Mapper 的过程中，只需要任意定义一个文本 key，且定义一个值 1 作为统计初始值。

注意：当前是在本地执行，用于测试。当本地执行无误后再以 Jar 包的形式上传到服务器中进行正式运行。

运行结果如图 9-8 所示。

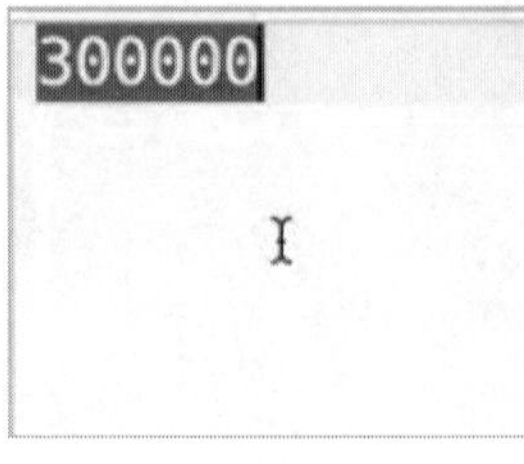

图 9-8

(2) 统计页面访问量功能

所谓页面访问量，就是指通过 URL(每一行日志的第二个字段中类似 http://www.yihaodian.com/1/?tracker_u=2225501)访问的信息，在这些 URL 中有些是包含页面的，例如：http://www.yihaodian.com/cms/view.do?topicId=19004 中含有 topicId，说明访问过该站点的某一个页面，而有些 URL 是不包含这个信息的。所以，所谓的页面访问量，就是需要解析 URL 中的 topicId 信息然后进行统计。

创建 topicId 解析类 GetPageId：

```
public class GetPageId {
public static String getPageId(String url) {
        String pageId = "";
        if (StringUtils.isBlank(url)) {
                return pageId;
        }
        Pattern pat = Pattern.compile("topicId=[0-9]+");
        Matcher matcher = pat.matcher(url);
        if (matcher.find()) {
                pageId = matcher.group().split("topicId=")[1];
        }
        return pageId;
}
public static void main(String[] args) {
        System.out.println(getPageId("http://www.yihaodian.com/cms/view.do?topicId=14572"));
        System.out.println(getPageId("http://www.yihaodian.com/cms/view.do?topicId=
                                        22372&merchant=1"));
}
}
```

第 7 行：设置正则表达式，规范 topicId 的格式："[0-9]+"，即为 0~9 任意数字开头、任意长度的数字。

第 8~12 行：验证正则表达式。如果成立，代码 matcher.group().split("topicId=")[1]，表示根据"topicId="切割后的第 2 个字符串，也就是 topicId 后的数字。

创建页面访问量统计类 PageStatApp：

```
public class PageStatApp {
public static void main(String[] args) throws Exception {
    Configuration configuration = new Configuration();
    // 如果输出目录已经存在，则先删除
    FileSystem fileSystem = FileSystem.get(configuration);
    Path outputPath = new Path("output/v1/pagestat");
    if (fileSystem.exists(outputPath)) {
        fileSystem.delete(outputPath，  true);
    }
    Job job = Job.getInstance(configuration);
    job.setJarByClass(PageStatApp.class);
    job.setMapperClass(MyMapper.class);
    job.setReducerClass(MyReducer.class);
    job.setMapOutputKeyClass(Text.class);
    job.setMapOutputValueClass(LongWritable.class);
    job.setOutputKeyClass(Text.class);
    job.setOutputValueClass(LongWritable.class);
    FileInputFormat.setInputPaths(job，new Path("/Users/rocky/data/trackinfo_20130721.data"));
    FileOutputFormat.setOutputPath(job，new Path("output/v1/pagestat"));
    job.waitForCompletion(true);
}
static class MyMapper extends Mapper<LongWritable，Text，Text，LongWritable> {
    private LogParser parser;
    private LongWritable ONE = new LongWritable(1);
    @Override
     protected void setup(Context context) throws IOException，InterruptedException {
        parser = new LogParser();
    }
    @Override
    protected void map(LongWritable key，Text value，Context context) throws IOException，
                        InterruptedException {
        String log = value.toString();
        Map<String，String> logInfo = parser.parse(log);
        String pageId = GetPageId.getPageId(logInfo.get("url"));
        context.write(new Text(pageId)，ONE);
    }
}
static class MyReducer extends Reducer<Text，LongWritable，Text，LongWritable> {
    @Override
    protected void reduce(Text key，Iterable<LongWritable> values，Context context) throws
                        IOException，InterruptedException {
        long count = 0;
        for (LongWritable access；values) {
            count++;
        }
        context.write(key，new LongWritable(count));
    }
```

```
    }
}
```

第 5~9 行：如果操作目录已经存在，则会出现异常，所以第 5~9 行的作用是判断目录是否存在，如果存在，则删除已经存在的目录。

第 26 行：定义页面统计的初始值为 1。

第 28~30 行：使用 Mapper 类中的 setup()初始化方法在执行 Map 操作之前对 LogParser 类进行初始化。

第 33~36 行：在 Map 操作过程中，使用 LogParser 获取日志中的某一行的 URL，然后通过 GetPageId 类的 getPageId 方法获取 URL 中的 topicId 信息，最后把 topicId 和初始值 1 传入 Reduce 操作中。

第 42~45 行：在 Reduce 操作中，对每一个 topicId 进行累加计算，就是每一个页面的访问量。

统计结果如图 9-9 所示。

```
-     298827
13483   19
13506   15
13729   9
13735   2
13736   2
14120   28
14251   1
14572   14
14997   2
15065   1
17174   1
17402   1
17449   2
17486   2
17643   7
18952   14
18965   1
18969   32
18970   27
18971   1
18972   3
18973   8
18977   10
```

图 9-9

9.4.3 ETL 的介绍和实现

在前面章节的操作中，我们会发现一个问题，以上的所有操作都是基于原始日志文件，而原始文件的大小有几百 MB，在真实工作或生活中原始日志文件可能会有几 GB、几十 GB、几百 GB 甚至更大，而且日志中每条记录的格式也没法完全统一。如果每次执行每个作业(例如：统计页面访问量、页面浏览量、省份浏览量等)都要全部读取原始日志文件，那么效率一定很低，而且可能出现很多无效信息。

那么有什么办法来提升性能呢？这个时候就需要用到 ETL 了。ETL(extract-transform-load)，用来描述将数据从来源端经过抽取(extract)、转换(transform)、加载(load)至目的端的过程。通俗地说就是，在不方便统计和分析原始数据的情况下，对原始数据进行进一步处理后，再对处理后的信息进行相应维度的统计和分析。

针对这个项目的日志文件，我们需要做的就是解析出需要的字段，例如：IP→城市、URL→pageId 等有用的信息，去除其他不必要的字段。

我们需要保留的有效字段包括 IP、时间、url、page_id、country、province、city。

修改 LogParser 类：

```
public class LogParser {
private Logger logger = LoggerFactory.getLogger(LogParser.class);
public Map<String，String> parse(String log)   {
    Map<String，String> logInfo = new HashMap<String，String>();
    //实例化 IP 地址解析类
    IPParser ipParse = IPParser.getInstance();
    //判断日志文件是否为空
    if(StringUtils.isNotBlank(log)) {
        //根据分隔符^A(也就是 01)分割日志文件
        String[] splits = log.split("01");
        //IP 地址是每行日志中第 13 个字段
        String ip = splits[13];
        String url = splits[1];
        String sessionId = splits[10];
        String time = splits[17];
        logInfo.put("ip", ip);
        logInfo.put("url", url);
        logInfo.put("sessionId", sessionId);
        logInfo.put("time", time);
        IPParser.RegionInfo regionInfo = ipParse.analyseIp(ip);
        logInfo.put("country", regionInfo.getCountry());
        logInfo.put("province", regionInfo.getProvince());
        logInfo.put("city", regionInfo.getCity());
    } else{
        logger.error("日志记录的格式不正确：" + log);
    }
    return logInfo;
}
}
```

第 20~36 行，第 39~40 行，第 42，第 44 行：为了进行 ETL 操作，把 IP、URL、日期、sessionId、国家和城市信息也保存到 Map 集合中。

创建 ETL 处理类 ETLApp：

```
public class ETLApp {
    public static void main(String[] args) throws Exception{
        Configuration configuration = new Configuration();
        // 如果输出目录已经存在，则先删除
        FileSystem fileSystem = FileSystem.get(configuration);
        Path outputPath = new Path("input/etl/");
        if(fileSystem.exists(outputPath)) {
            fileSystem.delete(outputPath, true);
        }
        Job job = Job.getInstance(configuration);
        job.setJarByClass(ETLApp.class);

        job.setMapperClass(MyMapper.class);

        job.setMapOutputKeyClass(NullWritable.class);
        job.setMapOutputValueClass(Text.class);

        FileInputFormat.setInputPaths(job, new Path("/Users/rocky/data/trackinfo_20130721.data"));
        FileOutputFormat.setOutputPath(job, new Path("input/etl/"));

        job.waitForCompletion(true);
    }

    static class MyMapper extends Mapper<LongWritable, Text, NullWritable, Text> {

        private LogParser parser;

        @Override
        protected void setup(Context context) throws IOException, InterruptedException {
            parser = new LogParser();
        }

        @Override
        protected void map(LongWritable key, Text value, Context context) throws IOException,
                        InterruptedException {
            String log = value.toString();
            Map<String, String> logInfo = parser.parse(log);
            String ip = logInfo.get("ip");
            String url = logInfo.get("url");
            String sessionId = logInfo.get("sessionId");
            String time = logInfo.get("time");
            String country = logInfo.get("country") == null ? "-"； logInfo.get("country");
            String province = logInfo.get("province")== null ? "-"； logInfo.get("province");
            String city = logInfo.get("city")== null ? "-" ； logInfo.get("city");
            String pageId = GetPageId.getPageId(url)== "" ? "-"； GetPageId.getPageId(url);
            StringBuilder builder = new StringBuilder();
            builder.append(ip).append("\t");
```

```
                builder.append(url).append("\t");
                builder.append(sessionId).append("\t");
                builder.append(time).append("\t");
                builder.append(country).append("\t");
                builder.append(province).append("\t");
                builder.append(city).append("\t");
                builder.append(pageId);
                if (StringUtils.isNotBlank(pageId) && !pageId.equals("-")) {
                    System.out.println("------" + pageId);
                }
                context.write(NullWritable.get(), new Text(builder.toString()));
            }
        }
    }
```

ETL 处理的过程其实就是对数据进行清洗的过程，所以如果通过 MapReduce 操作实现，其实只需要 Map 部分，而进行统计运输的 Reduce 部分是不需要的。

第 19 行：Map 类的泛型部分，在 ETL 处理过程中并不需要 key，所有设置均为 NullWritable，而所有文件输出格式也是 Text。

第 28~32 行：获取 Map 中保存的解析 IP、URL、日期、sessionId、国家和城市信息。

第 33~36 行：将所有信息中的空信息设置为“-”。

第 37~35 行：使用“\t”拼接每一行的信息。

ETL 之后的数据格式为：

```
106.3.114.42 http://www.yihaodian.com/2/?tracker_u=10325451727&tg=boomuserlist%3A
%3A2463680&pl=www.61baobao.com&creative=30392663360&kw=&gclid=CPC2idPRv7gCFQVZpQodFhcA
Bg&type=23T4QEMG2BQ93ATS98JE9SZDBQ8VVEZMR 2013-07-21 11；24；56 中国北京市 - -
```

ETL 的流程可以用任何编程语言开发完成，由于 ETL 是极为复杂的过程，而手写程序不易管理，有愈来愈多的企业采用工具协助 ETL 的开发，并运用其内置的 MetaData 功能来存储来源与目的的对应(mapping)及转换规则。

工具可以提供较强大的连接功能(connectivity)来连接来源端及目的端，开发人员不用熟悉各种相异的平台及数据结构，亦能进行开发。

9.4.4　功能升级

使用 ETL 处理源日志后，我们就可以针对 ETL 后的数据对原有功能进行升级了。

(1) 流量统计功能升级

改进 PageStatApp 的 PageStatV2App 类：

```
public class PageStatV2App {
public static void main(String[] args) throws Exception{
    Configuration configuration = new Configuration();
    // 如果输出目录已经存在，则先删除
    FileSystem fileSystem = FileSystem.get(configuration);
    Path outputPath = new Path("output/v2/pagestat");
    if(fileSystem.exists(outputPath)) {
        fileSystem.delete(outputPath, true);
    }
    Job job = Job.getInstance(configuration);
    job.setJarByClass(PageStatV2App.class);
    job.setMapperClass(MyMapper.class);
    job.setReducerClass(MyReducer.class);
    job.setMapOutputKeyClass(Text.class);
    job.setMapOutputValueClass(LongWritable.class);
    job.setOutputKeyClass(Text.class);
    job.setOutputValueClass(LongWritable.class);
    FileInputFormat.setInputPaths(job， new Path("input/etl"));
    FileOutputFormat.setOutputPath(job， new Path("output/v2/pagestat"));
    job.waitForCompletion(true);
}
static class MyMapper extends Mapper<LongWritable, Text, Text, LongWritable> {
    private LogParser parser;
    private LongWritable ONE = new LongWritable(1);
    private Text KEY = new Text("key");
    @Override
     protected void setup(Context context) throws IOException, InterruptedException   {
        parser = new LogParser();
    }
    @Override
     protected void map(LongWritable key, Text value, Context context) throws IOException，
            InterruptedException {
        String log = value.toString();
        Map<String， String> logInfo = parser.parse2(log);
        if(StringUtils.isNotBlank(logInfo.get("url"))){
            String pageId = GetPageId.getPageId(logInfo.get("url"));
            if (StringUtils.isNotBlank(pageId)) {
                context.write(new Text(pageId), ONE);
            }
        }
    }
}
static class MyReducer extends Reducer<Text, LongWritable, Text, LongWritable> {
    @Override
     protected void reduce(Text key, Iterable<LongWritable> values, Context context) throws
              IOException, InterruptedException {
        long count = 0;
```

```
            for (LongWritable access; values) {
                count++;
            }
            context.write(key, new LongWritable(count));
        }
    }
}
```

第 18 行：日志文件的输入路径调整为经过 ETL 后的文件，从而提高统计效率。

第 33~38 行：获取经过 ETL 文件解析后保存的各类信息的集合，从集合中获取 URL 信息，再通过解析 URL 获取 pageId，然后写入到 Reduce 过程中。

执行结果如图 9-10 所示。

图 9-10

(2) 省份统计功能升级

在 LogParse 类中，添加解析方法 parse2()：

```
public class LogParser {
private Logger logger = LoggerFactory.getLogger(LogParser.class);
public Map<String, String> parse2(String log)   {
    Map<String, String> logInfo = new HashMap<String，String>();
    IPParser ipParse = IPParser.getInstance();
    if(StringUtils.isNotBlank(log)) {
        String[] splits = log.split("t");
                String ip = splits[0];
                String url = splits[1];
                String sessionId = splits[2];
                String time = splits[3];
                String country = splits[4];
                String province = splits[5];
                String city = splits[6];
                logInfo.put("ip", ip);
                logInfo.put("url", url);
                logInfo.put("sessionId", sessionId);
                logInfo.put("time", time);
```

```
                    logInfo.put("country", country);
                    logInfo.put("province", province);
                    logInfo.put("city", city);
        } else{
          logger.error("日志记录的格式不正确： " + log);
        }
          return logInfo;
        }
        public Map<String，String> parse(String log)   {
         Map<String，String> logInfo = new HashMap<String, String>();
         IPParser ipParse = IPParser.getInstance();
         if(StringUtils.isNotBlank(log)) {
           String[] splits = log.split("01");
           String ip = splits[13];
           String url = splits[1];
           String sessionId = splits[10];
           String time = splits[17];
           logInfo.put("ip", ip);
           logInfo.put("url", url);
           logInfo.put("sessionId", sessionId);
           logInfo.put("time", time);
           IPParser.RegionInfo regionInfo = ipParse.analyseIp(ip);
           logInfo.put("country", regionInfo.getCountry());
           logInfo.put("province", regionInfo.getProvince());
           logInfo.put("city", regionInfo.getCity());
         } else{
           logger.error("日志记录的格式不正确： " + log);
         }
           return logInfo;
         }
        }
```

第 3 行：添加新的解析方法 parse2，方法参数表示 ETL 后的日志文件。

第 7 行：由于 ELT 后的日志文件使用了新的分隔符“\t”，所以切割字符串时使用“\t”。

第 9~14 行：获取切割后每段字符串的内容，包括 IP 地址、URL、sessionId、时间、国家、省份、城市信息。

第 15~21 行：把获取的各类信息保存到 Map 集合中。

修改 ProvinceStatApp 的 ProvinceStatV2App 类：

```
public class ProvinceStatV2App {
public static void main(String[] args) throws Exception {
      Configuration configuration = new Configuration();
      // 如果输出目录已经存在，则先删除
      FileSystem fileSystem = FileSystem.get(configuration);
      Path outputPath = new Path("output/v2/provicestat");
```

```
        if(fileSystem.exists(outputPath)) {
            fileSystem.delete(outputPath, true);
        }
        Job job = Job.getInstance(configuration);
        job.setJarByClass(ProvinceStatV2App.class);
        job.setMapperClass(MyMapper.class);
        job.setReducerClass(MyReducer.class);
        job.setMapOutputKeyClass(Text.class);
        job.setMapOutputValueClass(LongWritable.class);
        job.setOutputKeyClass(Text.class);
        job.setOutputValueClass(LongWritable.class);
        FileInputFormat.setInputPaths(job, new Path("input/etl"));
        FileOutputFormat.setOutputPath(job, new Path("output/v2/provicestat"));
        job.waitForCompletion(true);
    }
    static class MyMapper extends Mapper<LongWritable, Text, Text, LongWritable> {
        private LogParser parser;
        private LongWritable ONE = new LongWritable(1);
        @Override
         protected void setup(Context context) throws IOException, InterruptedException {
            parser = new LogParser();
        }
        @Override
         protected void map(LongWritable key, Text value, Context context) throws IOException,
             InterruptedException {
            String log = value.toString();
            Map<String, String> logInfo = parser.parse2(log);
            context.write(new Text(logInfo.get("province")), ONE);
        }
    }
    static class MyReducer extends Reducer<Text, LongWritable, Text, LongWritable> {
        @Override
         protected void reduce(Text key, Iterable<LongWritable> values, Context context) throws
            IOException, InterruptedException {
            long count = 0;
            for (LongWritable access; values) {
                count++;
            }
            context.write(key, new LongWritable(count));
        }
    }
}
```

第 18 行：日志文件的输入路径调整为经过 ETL 后的文件，从而提高统计效率。

第 32~33 行：获取经过 ETL 文件解析后保存的各类信息的集合，从集合中获取省份信息，直接写入到 Reduce 过程中。

执行结果如图 9-11 所示。

```
null    923
上海市    72898
云南省    1480
内蒙古自治区  1298
北京市    42501
台湾省    254
吉林省    1435
四川省    4442
天津市    11042
宁夏回族自治区 352
安徽省    5429
山东省    10145
山西省    2301
广东省    51508
广西壮族自治区 1681
新疆维吾尔族自治区 840
江苏省    25042
```

图 9-11

(3) 页面浏览量统计功能升级

修改 PageStatApp 的 PageStatV2App 类：

```
public class PageStatV2App {
public static void main(String[] args) throws Exception{
        Configuration configuration = new Configuration();
        // 如果输出目录已经存在，则先删除
        FileSystem fileSystem = FileSystem.get(configuration);
        Path outputPath = new Path("output/v2/pagestat");
        if(fileSystem.exists(outputPath)) {
              fileSystem.delete(outputPath, true);
        }
        Job job = Job.getInstance(configuration);
        job.setJarByClass(PageStatV2App.class);
        job.setMapperClass(MyMapper.class);
        job.setReducerClass(MyReducer.class);
        job.setMapOutputKeyClass(Text.class);
        job.setMapOutputValueClass(LongWritable.class);
        job.setOutputKeyClass(Text.class);
        job.setOutputValueClass(LongWritable.class);
        FileInputFormat.setInputPaths(job, new Path("input/etl"));
        FileOutputFormat.setOutputPath(job, new Path("output/v2/pagestat"));
        job.waitForCompletion(true);
}
static class MyMapper extends Mapper<LongWritable, Text, Text, LongWritable> {
        private LogParser parser;
        private LongWritable ONE = new LongWritable(1);
        private Text KEY = new Text("key");
        @Override
         protected void setup(Context context) throws IOException, InterruptedException {
              parser = new LogParser();
```

```
        }
        @Override
        protected void map(LongWritable key, Text value, Context context) throws IOException,
                InterruptedException {
                String log = value.toString();
                Map<String， String> logInfo = parser.parse2(log);
                if(StringUtils.isNotBlank(logInfo.get("url"))){
                        String pageId = GetPageId.getPageId(logInfo.get("url"));
                        if (StringUtils.isNotBlank(pageId)) {
                                context.write(new Text(pageId)， ONE);
                        }
                }
        }
    }
    static class MyReducer extends Reducer<Text, LongWritable, Text, LongWritable> {
        @Override
        protected void reduce(Text key, Iterable<LongWritable> values, Context context) throws
                IOException， InterruptedException {
                long count = 0;
                for (LongWritable access; values) {
                        count++;
                }
                context.write(key, new LongWritable(count));
        }
    }
}
```

第 18 行：日志文件的输入路径调整为经过 ETL 后的文件，从而提高统计效率。

第 33~38 行：获取经过 ETL 文件解析后保存的各类信息的集合，从集合中获取 URL 信息，再通过解析 URL 获取 pageId，然后写入到 Reduce 过程中。

统计结果如图 9-12 所示。

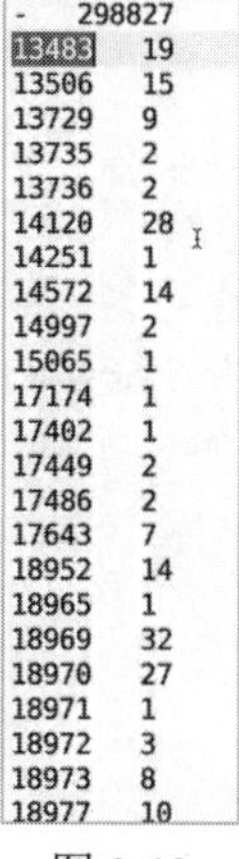

```
-	298827
13483	19
13506	15
13729	9
13735	2
13736	2
14120	28
14251	1
14572	14
14997	2
15065	1
17174	1
17402	1
17449	2
17486	2
17643	7
18952	14
18965	1
18969	32
18970	27
18971	1
18972	3
18973	8
18977	10
```

图 9-12

优化后的项目执行效率明显提升，这也体现了 ETL 的意义：

- 性能：将需要分析的数据从 OLTP(抽取源)中抽离出来，使分析执行的效率和准确性更高。
- 控制：用户可以完全控制从 OLTP 中抽离出来的数据，拥有了数据，也就拥有了一切。

9.4.5 打包上传服务器运行

完成上述操作后，我们的工作并没有完全完成，因为本地操作可以理解为是一种测试，在测试通过的情况下，需要在真实的环境，也就是在 HDFS 上运行，所以接下来需要把本地项目打包上传到服务器运行。

根据项目打包上传的执行流程，把操作分成下面几步：

(1) 修改项目代码及其结构

① 为了方便打包运行项目，首先要调整所有任务中的输入输出路径，为了在服务器上执行的时候动态地指定路径，我们需要修改原先的路径。

```
public static void main(String[] args) throws Exception{
Configuration configuration = new Configuration();
// 如果输出目录已经存在，则先删除
FileSystem fileSystem = FileSystem.get(configuration);
Path outputPath = new Path("output\v1\pvstat");
if(fileSystem.exists(outputPath)) {
        fileSystem.delete(outputPath, true);
}
Job job = Job.getInstance(configuration);
job.setJarByClass(PVStatApp.class);
job.setMapperClass(MyMapper.class);
job.setReducerClass(MyReducer.class);
job.setMapOutputKeyClass(Text.class);
job.setMapOutputValueClass(LongWritable.class);
job.setOutputKeyClass(Text.class);
job.setOutputValueClass(LongWritable.class);
FileInputFormat.setInputPaths(job, new Path("User\data\trackinfo_20130721.txt"));
FileOutputFormat.setOutputPath(job, new Path("output\v1\pvstat"));
job.waitForCompletion(true);
}
```

第 4 行、第 16~17 行调整为：

```
public static void main(String[] args) throws Exception{
Configuration configuration = new Configuration();
// 如果输出目录已经存在，则先删除
```

```
    FileSystem fileSystem = FileSystem.get(configuration);
    Path outputPath = new Path(args[1]);
    if(fileSystem.exists(outputPath)) {
        fileSystem.delete(outputPath，true);
    }
    Job job = Job.getInstance(configuration);
    job.setJarByClass(PVStatApp.class);
    job.setMapperClass(MyMapper.class);
    job.setReducerClass(MyReducer.class);
    job.setMapOutputKeyClass(Text.class);
    job.setMapOutputValueClass(LongWritable.class);
    job.setOutputKeyClass(Text.class);
    job.setOutputValueClass(LongWritable.class);
    FileInputFormat.setInputPaths(job，new Path(args[0]));
    FileOutputFormat.setOutputPath(job，new Path(args[1]));
    job.waitForCompletion(true);
    }
```

注意：以上是以 PVStatApp 为例，项目中所有涉及输入的类包括 PageStatApp、ProvinceStatApp、ETLApp、PVStatV2App、PageStatV2App、ProvinceStatV2App，都需要进行以上调整。

② 在项目中因为包含了 IP 地址的资源文件 qqwry.dat，在本地运行的时候在 IPParser 类设置的本地路径是 ip//qqwry.dat，但是由于项目要在服务器上执行，所以 qqwry.dat 也需要上传到服务器，这时就需要保证设置的路径是服务器的路径，把 qqwry.dat 文件上传到服务器的\home\hmaster\data\下，在 IPParser 类的路径变量值调整为：

```
private static final String ipFilePath = "\\home\\hmaster\\data\\qqwry.dat";
```

③ 为了方便打包，也要删除原来的项目结构中涉及的本地文件的输入和输出的文件夹。因为现在文件的输入、输出路径是在服务器上，需要在服务器上创建，如图 9-13 和图 9-14 所示。

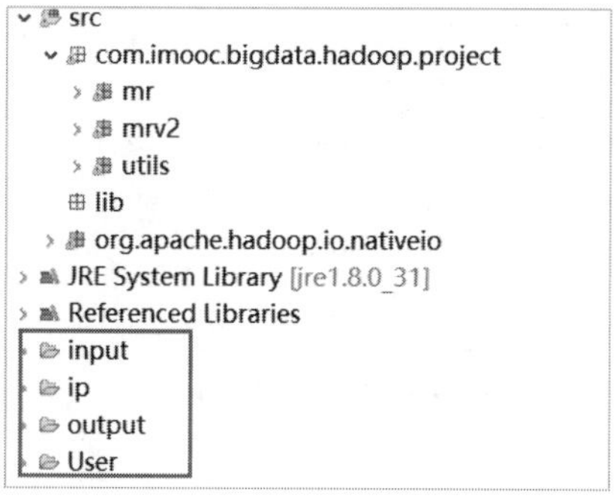

src
com.imooc.bigdata.hadoop.project
mr
mrv2
utils
lib
org.apache.hadoop.io.nativeio
JRE System Library [jre1.8.0_31]
Referenced Libraries
input
ip
output
User

图 9-13

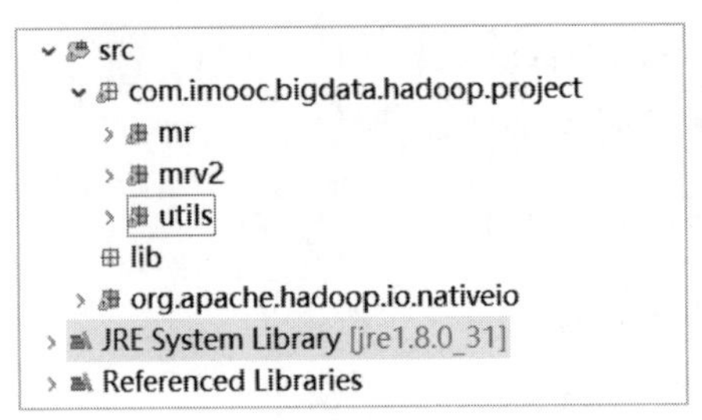

图 9-14

(2) 打包工具

修改完项目结构后，可以通过 Maven 或者 Eclipse 自带的工具进行打包处理，这里选择 Eclipse 自带的打包工具，如图 9-15 和图 9-16 所示。

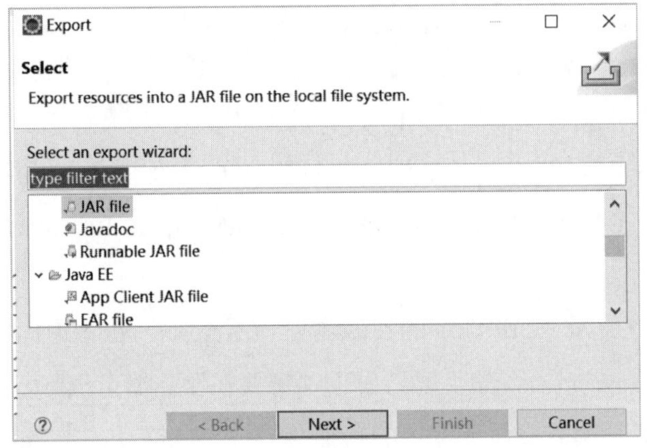

图 9-15

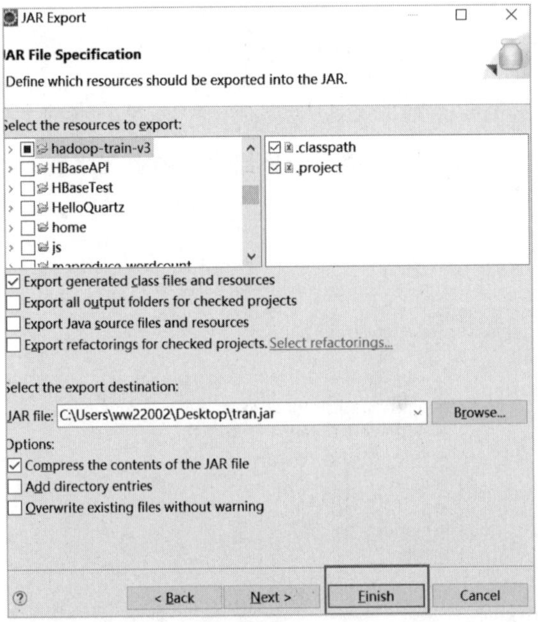

JAR Export
JAR File Specification
Define which resources should be exported into the JAR.
Select the resources to export:
hadoop-train-v3
HBaseAPI
HBaseTest
HelloQuartz
home
js
.classpath
.project
Export generated class files and resources
Export all output folders for checked projects
Export Java source files and resources
Export refactorings for checked projects. Select refactorings...
Select the export destination:
JAR file: C:\Users\ww22002\Desktop\tran.jar
Browse...
Options:
Compress the contents of the JAR file
Add directory entries
Overwrite existing files without warning
< Back
Next >
Finish
Cancel

图 9-16

对执行过程中弹出的警告框可以忽略，如图 9-17 所示。

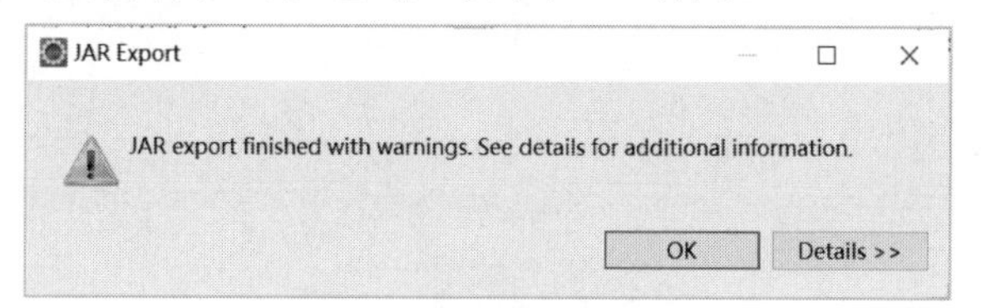

图 9-17

这样就打包好了一个 tran.jar 文件，如图 9-18 所示。

图 9-18

(3) 上传项目

使用 scp 命令或者 FileZilla 工具上传 tran.jar 文件到/home/hmaster/lib 目录中，同时把日志文件 trackinfo_20130721.txt 和 IP 地址的文件 qqwry.dat 上传到/home/hmaster/data 目录中，如图 9-19 和图 9-20 所示。

```
[hmaster@master lib]$ ls
tran.jar
```

图 9-19

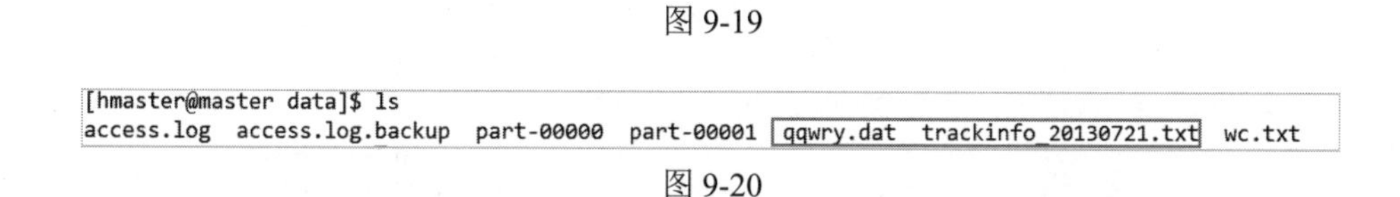

```
[hmaster@master data]$ ls
access.log  access.log.backup  part-00000  part-00001  qqwry.dat  trackinfo_20130721.txt  wc.txt
```

图 9-20

(4) 操作 HDFS

把相关的日志文件上传到 HDFS 文件系统中，接下来以查看页面浏览量为例来说明。

① 创建文件输入路径，如图 9-21 所示。

```
[hmaster@master bin]$ ./hadoop fs -mkdir -p /project/input/raw
```

图 9-21

② 上传日志文件到对应的目录，如图 9-22 所示。

```
[hmaster@master bin]$ ./hadoop fs -put ~/data/trackinfo_20130721.txt /project/input/raw
```

图 9-22

③ 在 HDFS 文件系统中查看结果，如图 9-23 所示。

```
[hmaster@master bin]$ hadoop fs -ls /project/input/raw
```

图 9-23

(5) 编写 shell 脚本执行

① 在 home/hmaster 目录下创建 shell 目录，如图 9-24 所示。

```
[hmaster@master ~]$ mkdir shell
```

图 9-24

② 在 shell 目录中使用 vi pv.sh 编写脚本，如图 9-25 所示。

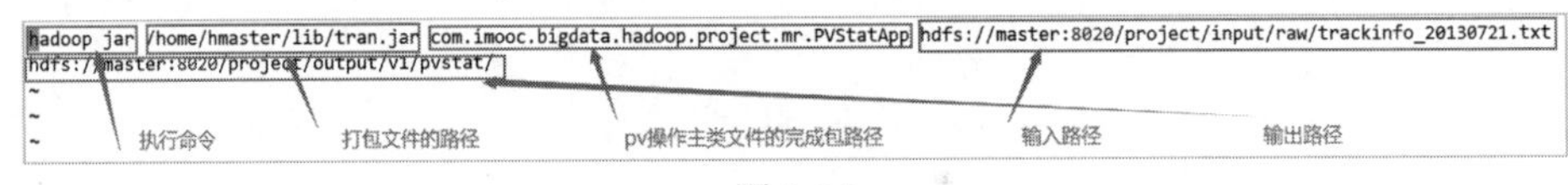

图 9-25

③ 修改文件的执行权限，如图 9-26 所示。

```
[hmaster@master shell]$ sudo chmod u+x pv.sh
```

图 9-26

④ 执行 shell 脚本文件，如图 9-27 所示。

```
[hmaster@master shell]$ ./pv.sh
```

图 9-27

(6) 查看结果

① 查看输出路径，如图 9-28 所示。

```
[hmaster@master bin]$ hadoop fs -ls /project/output/v1/pvstat
```

图 9-28

② 查看输出文件，如图 9-29 所示。

```
[hmaster@master bin]$ hadoop fs -cat  /project/output/v1/pvstat/part-r-00000
20/06/28 17:30:09 WARN util.NativeCodeLoader: Unable to load native-hadoop lib
ble
300000
```

图 9-29

注意：以上是以页面浏览量操作为例进行的说明，其他统计的操作功能和这个步骤类似，因此此处不再重复演示。

上传项目打包服务器并运行是项目执行的最后一步，我们需要在本地测试成功后，让项目真正地在生产环境中运行来检验最终结果，所以要注意本地操作和服务器操作的区别；比如，文件的路径问题、文件的打包问题等，以保证项目在服务器上执行无误。

9.5 项目功能优化

9.5.1 使用 Hive 进行优化

根据单元八中所讲的内容，我们知道 Hive 产生的原因是为了优化 MapReduce 的代码操作。接下来对前面用 MapReduce 处理的项目使用 Hive 来实践。根据单元八讲解的 Hive 基本操作步骤，我们需要完成如下操作。

(1) 根据数据格式创建数据表

我们先来完成第一步，即 Hive 表的创建，根据 ETL 后的日志文件中的一行数据；

```
106.3.114.42 http://www.yihaodian.com/2/?tracker_u=10325451727&tg=boomuserlist%3A%3A2463680&pl=www.61baobao.com&creative=30392663360&kw=&gclid=CPC2idPRv7gCFQVZpQodFhcABg&type=2  3T4QEMG2BQ93ATS98JE9SZDBQ8VVEZMR 2013-07-21 11：24：56 中国 北京市 -  -
```

我们分析，Hive 表包含的字段包括：

- ip：ip 地址
- url：访问地址
- sessionid：session 地址
- time：访问的时间
- country：国家
- province：省份
- city：城市
- page：访问页面

根据以上信息，创建数据表“track_info”，如图 9-30 所示。

```
hive> create table track_info
    > (
    > ip string,
    > url string,
    > sessionId string,
    > time string,
    > country string,
    > province string,
    > city string,
    > page string
    > ) ROW FORMAT DELIMITED FIELDS TERMINATED BY '\t';
OK
Time taken: 0.695 seconds
hive> desc track_info;
OK
ip                      string
url                     string
sessionid               string
time                    string
country                 string
province                string
city                    string
page                    string
Time taken: 0.329 seconds, Fetched: 8 row(s)
```

图 9-30

(2) 导入数据到创建好的表中

① 上传 ETL 后的文件到 Linux，如图 9-31 所示。

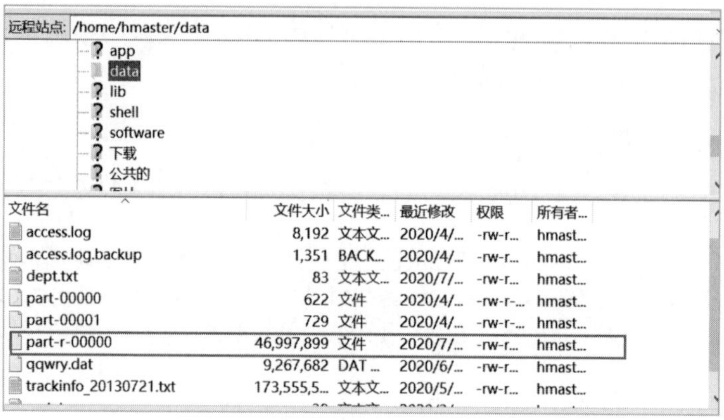

远程站点: /home/hmaster/data					
app, data, lib, shell, software, 下载, 公共的					
文件名	文件大小	文件类...	最近修改	权限	所有者...
access.log	8,192	文本文...	2020/4/...	-rw-r...	hmast...
access.log.backup	1,351	BACK...	2020/4/...	-rw-r...	hmast...
dept.txt	83	文本文...	2020/7/...	-rw-r...	hmast...
part-00000	622	文件	2020/4/...	-rw-r-...	hmast...
part-00001	729	文件	2020/4/...	-rw-r-...	hmast...
part-r-00000	46,997,899	文件	2020/7/...	-rw-r...	hmast...
qqwry.dat	9,267,682	DAT ...	2020/6/...	-rw-r...	hmast...
trackinfo_20130721.txt	173,555,5...	文本文...	2020/5/...	-rw-r...	hmast...

图 9-31

② 上传 Linux 文件中的 ETL 文件到 HDFS，如图 9-32 所示。

```
[hmaster@master bin]$ hadoop fs -mkdir /project/etl

[hmaster@master bin]$ hadoop fs -put ~/data/part-r-00000 /project/etl

[hmaster@master bin]$ hadoop fs -ls /project/etl
20/07/27 15:28:08 WARN util.NativeCodeLoader: Unable to load native-hadoop library for your platform
e
Found 1 items
-rw-r--r--   3 hmaster supergroup   46997899 2020-07-27 15:27 /project/etl/part-r-00000
```

图 9-32

③ 导入 HDFS 中的 ETL 文件到 Hive 表中。

在 hive 提示符下，把 HDFS 中的文件导入到 Hive 中，使用导入数据命令 load data inpath 'hdfs://master:8020/project/etl/part-r-00000' overwrite into table track_info。查询结果，如图 9-33 所示。

```
hive> select ip from track_info limit 5
    > ;
OK
106.3.114.42
58.219.82.109
58.219.82.109
58.219.82.109
58.219.82.109
```

图 9-33

④ 在 HDFS 中操作，如图 9-34 所示。

```
[hmaster@master bin]$ hadoop fs -cat /user/hive/warehouse/test.db/track_info/part-r-00000
```

图 9-34

(3) 使用 Hive 的类 SQL 语句完成统计分析操作

以上操作已经把 ETL 数据从 HDFS 中导入到 Hive 表中，接下来就可以根据在课程中学到的 Hive 类 SQL 语句进行统计分析了。

① 统计网站流量(PV，page view)，如图 9-35 所示。

```
hive> select count(*) from track_info;
Query ID = hmaster_20200727153434_995d81b3-b1df-4a69-bf70-09189b879b
Total jobs = 1
Launching Job 1 out of 1
Number of reduce tasks determined at compile time: 1
In order to change the average load for a reducer (in bytes):
  set hive.exec.reducers.bytes.per.reducer=<number>
In order to limit the maximum number of reducers:
  set hive.exec.reducers.max=<number>
In order to set a constant number of reducers:
  set mapreduce.job.reduces=<number>
Job running in-process (local Hadoop)
2020-07-27 15:37:17,419 Stage-1 map = 0%,  reduce = 0%
2020-07-27 15:37:18,448 Stage-1 map = 100%,  reduce = 0%
2020-07-27 15:37:19,510 Stage-1 map = 100%,  reduce = 100%
Ended Job = job_local1255579678_0001
MapReduce Jobs Launched:
Stage-Stage-1:  HDFS Read: 94012182 HDFS Write: 0 SUCCESS
Total MapReduce CPU Time Spent: 0 msec
OK
300000
```

图 9-35

其实在 Hive 中 PV 就是表中的数据的数量。

② 统计每个省份的流量。方法是使用命令“select province，count(*) from track_info group by province”，如图 9-36 所示。

```
hive> select  province,count(*) from track_info group by province;
Query ID = hmaster_20200727153434_995d81b3-b1df-4a69-bf70-09189b879b91
Total jobs = 1
Launching Job 1 out of 1
Number of reduce tasks not specified. Estimated from input data size: 1
In order to change the average load for a reducer (in bytes):
  set hive.exec.reducers.bytes.per.reducer=<number>
In order to limit the maximum number of reducers:
  set hive.exec.reducers.max=<number>
In order to set a constant number of reducers:
  set mapreduce.job.reduces=<number>
Job running in-process (local Hadoop)
2020-07-27 15:51:26,666 Stage-1 map = 0%,  reduce = 0%
2020-07-27 15:51:28,681 Stage-1 map = 100%,  reduce = 100%
Ended Job = job_local43008174_0002
MapReduce Jobs Launched:
Stage-Stage-1:  HDFS Read: 188007980 HDFS Write: 0 SUCCESS
Total MapReduce CPU Time Spent: 0 msec
OK
-       923
上海市  72898
云南省  1480
内蒙古自治区    1298
北京市  42501
台湾省  254
吉林省  1435
```

图 9-36

其实 Hive 中各个省份的流量就是根据省份分组统计数据的数量。

(4) 把结果保存到对应的 Hive 表中

为了更加方便地对统计数据进行查询，可以使用一张表来保存分析后的数据。

① 创建存储查询数据的表“track_info_province_stat”，如图 9-37 所示。

```
create table track_info_province_stat
(
    province string,
    cnt bigint
)
ROW FORMAT DELIMITED FIELDS TERMINATED BY '\t';
```

```
hive> create table track_info_province_stat
    > (
    >    province string,
    >    cnt bigint
    > )
    > ROW FORMAT DELIMITED FIELDS TERMINATED BY '\t';
OK
Time taken: 0.288 seconds
```

图 9-37

② 把统计数据存储到表中，如图 9-38 所示，结果如图 9-39 所示。

```
insert overwrite table track_info_province_stat
select    province, count(*) from track_info group by province
```

```
hive> insert overwrite table track_info_province_stat
    > select  province,count(*) from track_info group by province;
Query ID = hmaster_20200727153434_995d81b3-b1df-4a69-bf70-09189b879b91
Total jobs = 1
Launching Job 1 out of 1
Number of reduce tasks not specified. Estimated from input data size: 1
In order to change the average load for a reducer (in bytes):
  set hive.exec.reducers.bytes.per.reducer=<number>
In order to limit the maximum number of reducers:
  set hive.exec.reducers.max=<number>
In order to set a constant number of reducers:
  set mapreduce.job.reduces=<number>
Job running in-process (local Hadoop)
2020-07-27 16:17:25,019 Stage-1 map = 100%,  reduce = 0%
2020-07-27 16:17:26,045 Stage-1 map = 100%,  reduce = 100%
Ended Job = job_local409199957_0004
Loading data to table test.track_info_province_stat
Table test.track_info_province_stat stats: [numFiles=1, numRows=35, total
MapReduce Jobs Launched:
Stage-Stage-1:  HDFS Read: 470044526 HDFS Write: 622 SUCCESS
Total MapReduce CPU Time Spent: 0 msec
OK
Time taken: 3.442 seconds
```

图 9-38

```
hive> select * from track_info_province_stat;
OK
-	923
上海市	72898
云南省	1480
内蒙古自治区	1298
北京市	42501
台湾省	254
吉林省	1435
四川省	4442
天津市	11042
宁夏	352
安徽省	5429
山东省	10145
山西省	2301
广东省	51508
广西	1681
```

图 9-39

通过项目改造可以发现 Hive 其实是对 MapReduce 操作的一种封装，让开发者可以避免编写繁杂的 Java 代码而使用更加简单快捷的类 SQL 语言进行数据统计。但是在运行的时候，由于底层还是 MapReduce 操作，所以运行效率并没有提高。Hive 可以提高开发效率，但不能提高执行效率，这一缺点和 MapReduce 是一样的。那么有了 Hive 是不是就不需要 MapReduce 了？并不是。首先，MapReduce 是基础，对于统计分析的执行原理要通过 MapReduce 的执行过程来理解，这样才能深刻体会分布式计算的精髓；其次，并不是所有的 MapReduce 操作都可以用或者说都可以很方便地被 Hive 操作替换，有些复杂的操作可能从编程的逻辑理解起来更容易。例如：上述统计每个页面的流量。所以把握一条原则：能快速使用 Hive 操作，尽量使用 Hive 实现，但某些复杂的操作还是需要 MapReduce 编程。